人类第一次飞上太空

《我们的星辰大海》编委会　编著

中信出版集团｜北京

口头禅：**这个我知道！**

标志动作：**帅气地抖搂披风**

大家好，我是胖达，对宇宙中的一切都能如数家珍，常常热心地给小朋友介绍宇宙中的新鲜事物。我可是追梦空间站里最受欢迎的航天员哦！

口头禅：**"东有启明，谓之太白"（吟诗作对）**

标志动作：**慢悠悠地抚胡须**

大家好，我是太白爷爷，我可以随意变成球状，旋转着滚动，但我更喜欢用腿，我的头部是 72 面体，每一片方块都记载着宇宙的一个秘密。

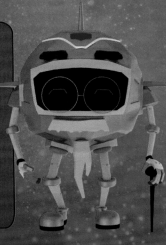

口头禅：**小朋友们今天的旅程开心吗？快和我们一起来打卡吧！**

标志动作：**用轮子在地上跑来跑去（左边去一下，右边去一下）**

大家好，我是脚踩六轮的玉兔。我的肚子里还藏着很多秘密武器哦。我能像变形金刚一样自由切换形状，能安全地带领小朋友们在月球上游玩。

这里是一座飘浮在太空的城堡，人们都叫它**"追梦空间站"**。

在这里，梦想探索太空的小伙伴们会组成"追梦航天队"，每天开启新的旅程，向神秘的星辰大海出发，去冒险和探索。

每趟旅程结束时，我们还会一起玩一个有趣的小游戏。只要成功完成快问快答小游戏，就能获得一个"小小航天员勋章"哦！

本次旅程探索的任务是请你说出：

– 中国第一个制作"火箭"的人；

– 第一颗人造卫星；

– 第一个进入太空的航天员；

– 第一个登陆月球的航天员；

– 从外星球到访地球的第一人。

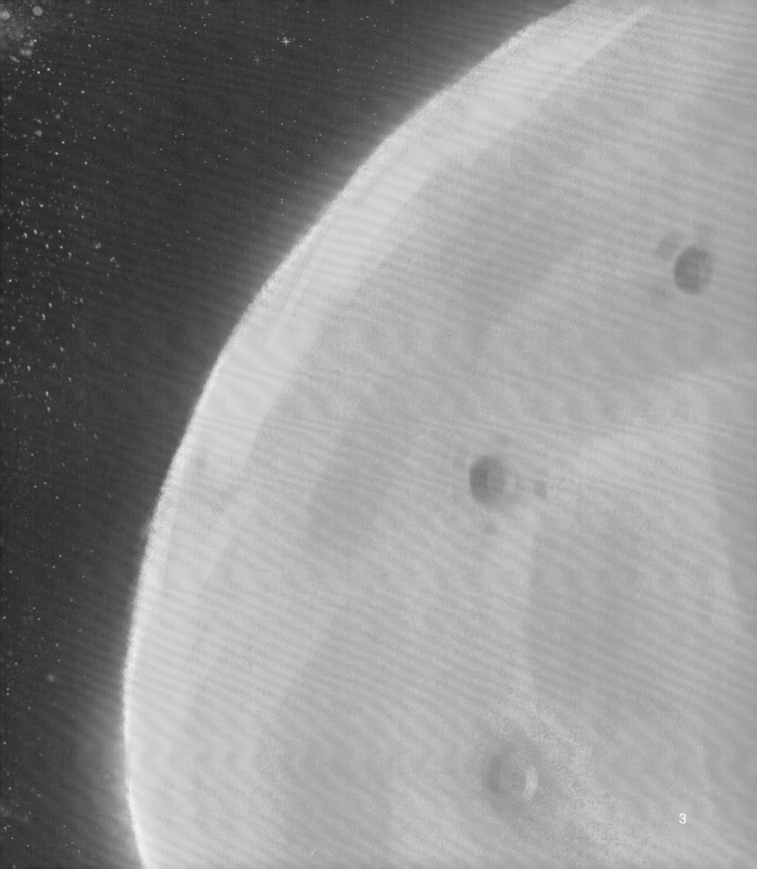

3

很久以前，人们就开始对那遥远神秘的天空充满了好奇。
人们想象天上有个天宫，天宫里面住着神仙。

随着航天科技的发展，人们穿过了大气层，进入了太空，最终找到了答案。

那么，神秘的天空里到底藏着什么，而我们又是如何腾空飞起来，进入太空的呢？

让我们一起来回顾航天的悠长历史，见证中国航天的辉煌发展吧！

玉兔的悄悄话

你还记得第一次抬头看天空的时候，脑海里想的是什么吗？

5

现在我们要坐上时空旅行机器，穿越时空，去往遥远的中国古代了。

你们准备好了吗？

时空旅行机器已经启动，请系好安全带。

倒数计时：3，2，1，起飞！出发！

这是哪里呀？

这是唐朝的长安城。

没错，唐朝就是大诗人李白生活的时代。

唐朝除了有许多著名的大诗人，还出现了一样新

东西——**火药**。

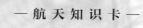

— 航 天 知 识 卡 —

火药是一种能引起剧烈燃烧的药剂，一点
就着，能产生巨大的威慑力和破坏力。

人们把火药装在竹筒里，捆绑在箭杆前端，利用火药燃烧向后喷出气体的反作用力，把箭射出去。

这种世界上最早的喷射火器，就被称为 **"火箭"**。不过这个 **"火箭"**，可不是我们今天说的 **"火箭"** 哦！

因为现代的火箭是用来上天的，而古代的火箭是战争时用来对付敌人的武器。

玉兔的悄悄话

火药是中国古代的四大发明之一，也是人类历史上一件了不起的发明哦！

人们对古代火箭进行了多次改良，慢慢地便产生了借助火箭飞上天空的愿望。

明朝时期，就有一位年轻人做了这样的大胆尝试。

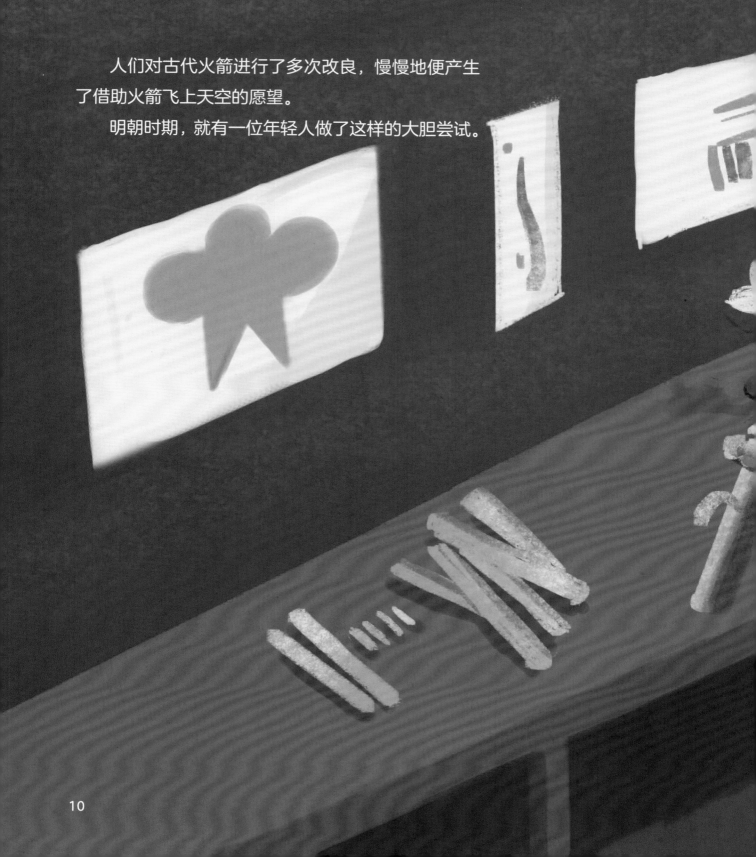

这个勇于探索的人就是万户，他把 47 个自制的火箭捆绑在椅子底下，自己坐在上面，双手还举着两只大风筝。他想通过火箭的推力把自己送到空中，然后再借助风筝帮他平稳落地。当一切准备好，万户令人点燃了火箭。

火箭点燃后，发出了轰的一声巨响，万户坐着的椅子底下传来一股强大的推力，把他和椅子带离了地面。

　　万户在滚滚的浓烟中腾空而起，可是他还没等到人们的欢呼声，捆绑在一起的火箭突然在空中发生了大爆炸，燃烧成了一颗火球。

　　万户因此献出了宝贵的生命。

万户的实验虽然失败了，但他借助火箭升空的想法却给了后人启发，流传了下来。

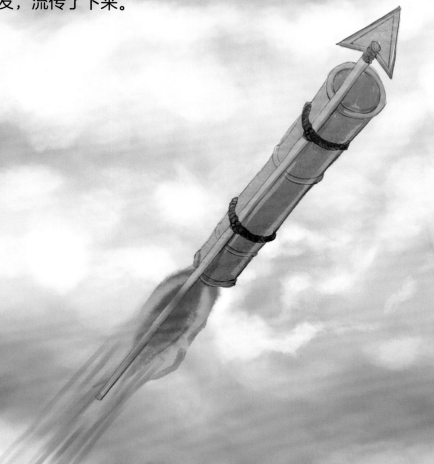

— 航 天 知 识 卡 —

古代火箭和现代火箭的共同点：它们都利用喷射气体所产生的推力，飞往高处和远处。

千年以后，人类果然发明了能够飞向太空的现代火箭！

不过，从中国的万户到人类真正飞向太空，中间可是经历了非常漫长的时间呢！

那么，人类第一次飞上太空，是在什么时候呢？

玉兔的悄悄话

为了纪念万户，月球上还有一座以他的名字命名的环形山哦！

1957年10月4日，随着苏联上空的一声巨响，一颗名为"斯普特尼克一号"的人造卫星在现代火箭的帮助下升空。

这是世界上第一颗人造卫星。

它的出现，宣告人类进入了太空新纪元。

斯普特尼克一号是一颗圆形卫星，它有两个雷达发射器和四根天线，重 83.6 公斤，差不多有 10 个大西瓜那么重！

它一边绕着地球旋转，一边工作，直到 1957 年 10 月 26 日，才因为电池耗尽停止了工作。

它一共绕着地球旋转了1400多圈哦！

你一定很好奇：停止旋转的斯普特尼克一号，去了哪里呢？

失去了电池和动力的人造卫星，最终都会受到地球的重力

吸引，掉落回地球，在大气层中被烧毁。

1957 年 11 月 3 日，苏联又向太空发射了世界上第二颗人造卫星——斯普特尼克二号。

与斯普特尼克一号不同的是，这一次卫星上还搭载了一只名叫莱卡的小狗。

玉兔的悄悄话

斯普特尼克二号在进入太空后的第六天便耗尽了电池，最终在运行了 162 天后，也跟斯普特尼克一号一样，在大气层中被烧毁……

很遗憾，受到当时航天技术的限制，这颗人造卫星也没有返回地球的本领。

莱卡在这次太空之旅中牺牲了，但是它的参与给人类留下了许多宝贵的经验和数据，它出色地完成了任务。

所以，莱卡算得上是世界上最早的"航天英雄"哦！

— 航天知识卡 —

2008 年 4 月 11 日，俄罗斯官方在莫斯科为莱卡建立一座纪念碑，碑的模样是一只站在火箭上的狗。

人类最早的航天英雄的出现，要
等到 1961 年 4 月 12 日。这一天，
苏联航天员尤里·加加林在全
世界的注目下，乘坐已经具备
返回地球功能的宇宙飞船，
进入了太空。

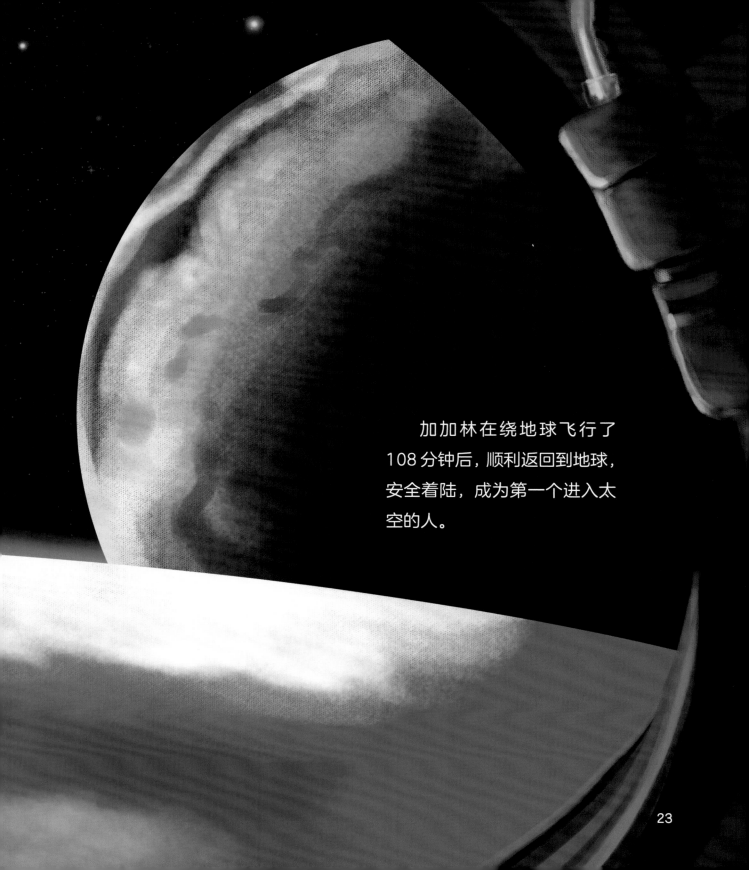

加加林在绕地球飞行了108分钟后，顺利返回到地球，安全着陆，成为第一个进入太空的人。

1969 年 7 月 20 日，美国航天也迎来了新的里程碑。

"阿波罗 11 号"太空飞船在月球安全着陆。

美国航天员阿姆斯特朗和巴兹·奥尔德林先后登上月球，实现了人类几千年来的梦想！

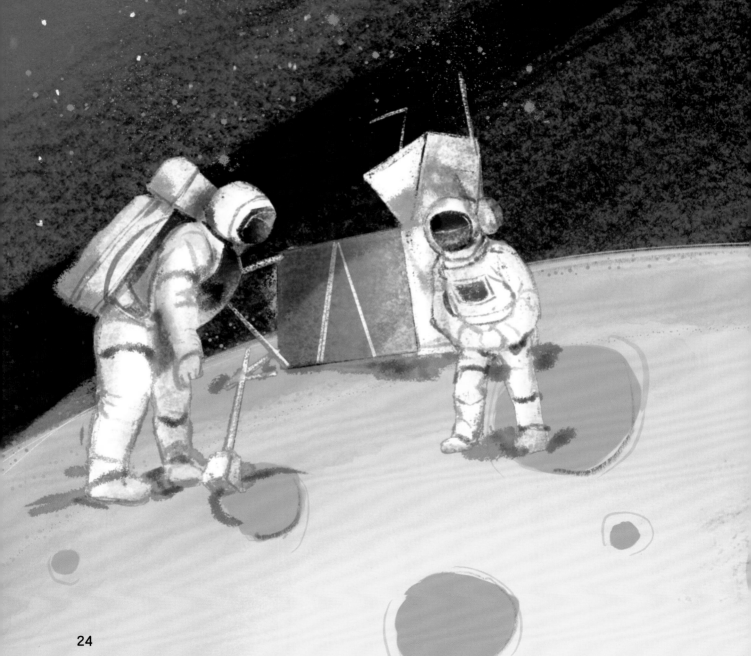

阿姆斯特朗是第一个踏上月球土地的地球人。当时他说了这么一句话:"这是我的一小步,却是人类的一大步",这句话激励了更多的航天人。

返回地球后，阿姆斯特朗和奥尔德林作为英雄，接受人们的祝贺。

有人提问奥尔德林："你也一起去了月球，可是你却不是登陆月球的第一人，会不会感到遗憾呢？"

奥尔德林回答说："可你别忘了，回来时，我可是第一个登陆地球的。所以，我是从别的星球来到地球的第一人啊！"

对于这位特别的"到访地球的第一人"，我们也用一个特别的方式纪念他，电影《玩具总动员》里的经典玩偶"巴斯光年"，其实就是以奥尔德林为原型创作的。

宇宙空间十分地广大，我们从地球的这一端观测它的变化，同时我们自己也在宇宙之中，跟着它一起运动。

　　毛泽东爷爷抬头望天的时候有了感慨，写出"坐地日行八万里，巡天遥看一千河"的诗句。

— 航 天 知 识 卡 —

巡天，说的就是我们每时每刻都和地球一起，在银河系里穿梭。

玉兔的悄悄话

因为地球在自转，人在地球上就算不动，对宇宙来说，人在一天里也移动了很多里路了。

1967 年在新中国卫星筹备会议上，钱学森爷爷建议把在大气层以内的飞行活动称为"航空"；而在大气层以外、太阳系以内的飞行活动称为"航天"；飞出了太阳系，在宇宙中大范围的航行，我们称为"宇航"。

从此，同样是在空中飞行，但因为所在的位置和活动的场景不同，分别有了明确的称呼。

　　航空，航天，宇航，这些只有一字之差的词语，意思可是相差十万八千里哦！

在钱学森爷爷的带领下，中国的航天事业从零开始出发。经历了一段非常艰苦的研究后，终于在 1970 年 4 月 24 日，我们发射了属于中国的第一颗人造卫星——**东方红一号**。

玉兔的悄悄话

太白爷爷就是东方红一号哦！他见证了新中国对宇宙探索的历程。伴随太白爷爷一起上天的，还有一首名叫《东方红》的歌曲。

它是一颗 72 面体的球状卫星，直径约为 1 米，重量达 173 公斤，大约有 21 个大西瓜那么重。72 面的球体在旋转过程中，每一个面都可以反射太阳光，也更容易贴上太阳能电池片，这样卫星在太空中就可以自己续电了哦！

探索太空是不是非常有趣呢？我们追梦航天队马上就要结束第一次旅程了。

是啊，今天学习了好多航天历史呢！

还认识了一只航天小狗莱卡。

看来大家在这次的旅程中都有非常大的收获。接下来，我们就要进入今天的快问快答小游戏咯。完成了之后，就能领取属于你的"小小航天员勋章"。

是的，不要忘了要把它张贴在这里哦！每趟旅程获得的勋章都不一样，它们个个都很神气，代表了不同的航天精神。集齐所有的勋章可是每个追梦航天队员的梦想与光荣哟！

1. 对现代火箭具有重要意义的火药，是由哪个国家发明的呢？

2. 世上第一颗人造卫星是由哪个国家发射成功的呢？

3. 第一个飞上太空的航天员是谁？

4. 第一个登上月球的航天员是谁？

5. 第一个从外星球到访地球的航天员是谁？

恭喜你收获一枚勋章！记得我们的下一趟旅程，更多有趣和好玩的东西在等着我们去探索哦！

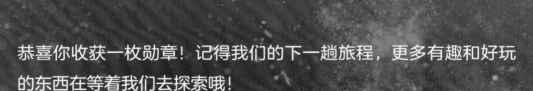

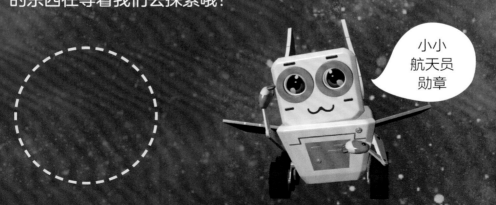

小小
航天员
勋章

图书在版编目（CIP）数据

人类第一次飞上太空/《我们的星辰大海》编委会
编著；. -- 北京：中信出版社, 2021.3
　（我们的星辰大海）
　ISBN 978-7-5217-2702-9

　Ⅰ.①人… Ⅱ.①我… Ⅲ.①航天工程—儿童读物
Ⅳ.①V57-49

　中国版本图书馆CIP数据核字(2021)第016893号

人类第一次飞上太空

编　　著：《我们的星辰大海》编委会
出版发行：中信出版集团股份有限公司
　　　　　（北京市朝阳区惠新东街甲4号富盛大厦2座　邮编　100029）
承 印 者：北京尚唐印刷包装有限公司

开　　本：889mm×1194mm　1/16　　印　　张：22.25　　字　　数：30 千字
版　　次：2021 年 3 月第 1 版　　印　　次：2021 年 3 月第 1 次印刷
书　　号：ISBN 978-7-5217-2702-9
定　　价：258.00 元（全9册）

图书策划 中信出版·文艺分社
策划编辑 李静媛 肖诗雅
责任编辑 肖诗雅
营销编辑 张小光
装帧设计 王　悦

出版发行 中信出版集团股份有限公司
服务热线：400-600-8099 网上订购：zxcbs.tmall.com
官方微博：weibo.com/citicpub 官方微信：中信出版集团
官方网站：www.press.citic

哇，火箭！

《我们的星辰大海》编委会　编著

中信出版集团｜北京

口头禅：**这个我知道！**

标志动作：**帅气地抖搂披风**

大家好，我是胖达，对宇宙中的一切都能如数家珍，常常热心地给小朋友介绍宇宙中的新鲜事物。我可是追梦空间站里最受欢迎的航天员哦！

口头禅：**"东有启明，谓之太白"（吟诗作对）**

标志动作：**慢悠悠地捋胡须**

大家好，我是太白爷爷，我可以随意变成球状，旋转着滚动，但我更喜欢用腿，我的头部是 72 面体，每一片方块都记载着宇宙的一个秘密。

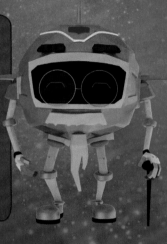

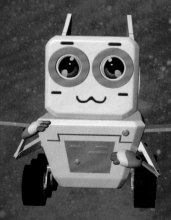

口头禅：**小朋友们今天的旅程开心吗？快和我们一起来打卡吧！**

标志动作：**用轮子在地上跑来跑去（左边去一下，右边去一下）**

大家好，我是脚踩六轮的玉兔。我的肚子里还藏着很多秘密武器哦。我能像变形金刚一样自由切换形状，能安全地带领小朋友们在月球上游玩。

这里是一座飘浮在太空的城堡，人们都叫它**"追梦空间站"**。

在这里，梦想探索太空的小伙伴们会组成"追梦航天队"，每天开启新的旅程，向神秘的星辰大海出发，去冒险和探索。

每趟旅程结束时，我们还会一起玩一个有趣的小游戏。只要成功完成快问快答小游戏，就能获得一个"小小航天员勋章"哦！

上期旅程，我们了解了航天的发展历史。这次我们将探索火箭、飞船与我们未来的"太空家园"：

- 运载火箭；
- 飞船的构造和神秘的轨道舱；
- "天宫"与空间实验室；
- 中国未来的"太空家园"。

3

小朋友们一定已经见识过不少宇宙飞船。
但你知道宇宙飞船是怎么被送到太空的吗？
没错，是通过运载火箭！

运载火箭可以说是飞船的"交通工具"，好比我们乘坐的汽车、高铁和飞机。只不过汽车、高铁和飞机上面乘坐的是人，而运载火箭上乘坐的是航天器。

玉兔的悄悄话

我们目前所认识的人造卫星和宇宙飞船都是属于航天器的一种哦。

5

运载火箭由多级火箭组成，点燃后一个火箭先工作，燃料燃尽后就和其他火箭分开，第二个火箭再接着工作，以此类推。

我国自行研制的运载火箭主要有长征系列运载火箭、快舟系列运载火箭。

长征运载火箭除了可以用级数来划分，还可以用系列来区分它们。第一代长征运载火箭叫作长征一号，帮助东方红一号卫星进入太空的可就是它哦！

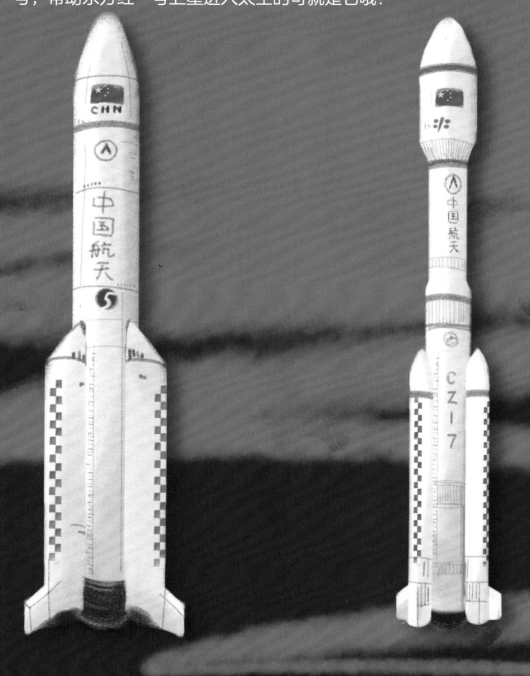

长征几号火箭并不特指是哪一发火箭，而是所有相同型号火箭的统称。

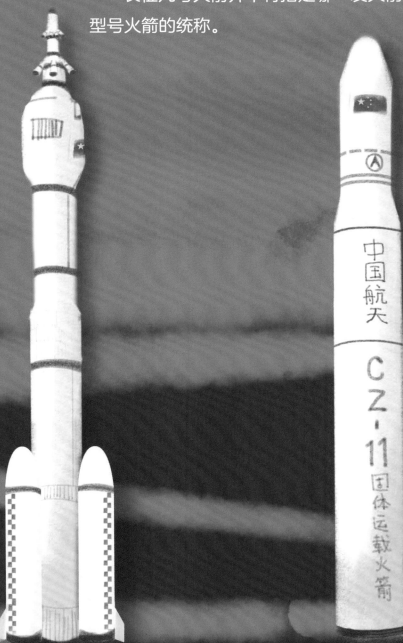

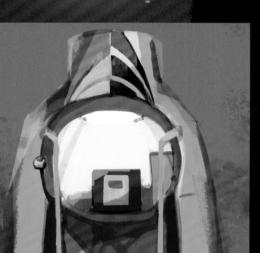

这里是全球首家"火箭餐厅"，是用长征二号 F 系列型号的火箭的遗留残骸制作的，这发型号的火箭以前可搭载过天宫二号和神舟十一号飞船呢。

— 航 天 知 识 卡 —

长征一号的出现让中国成为世界上第五个独立研制并发射人造卫星的国家。目前的运载火箭都是一次性的，但我国正在努力研究可以重复使用的运载火箭。让我们拭目以待！

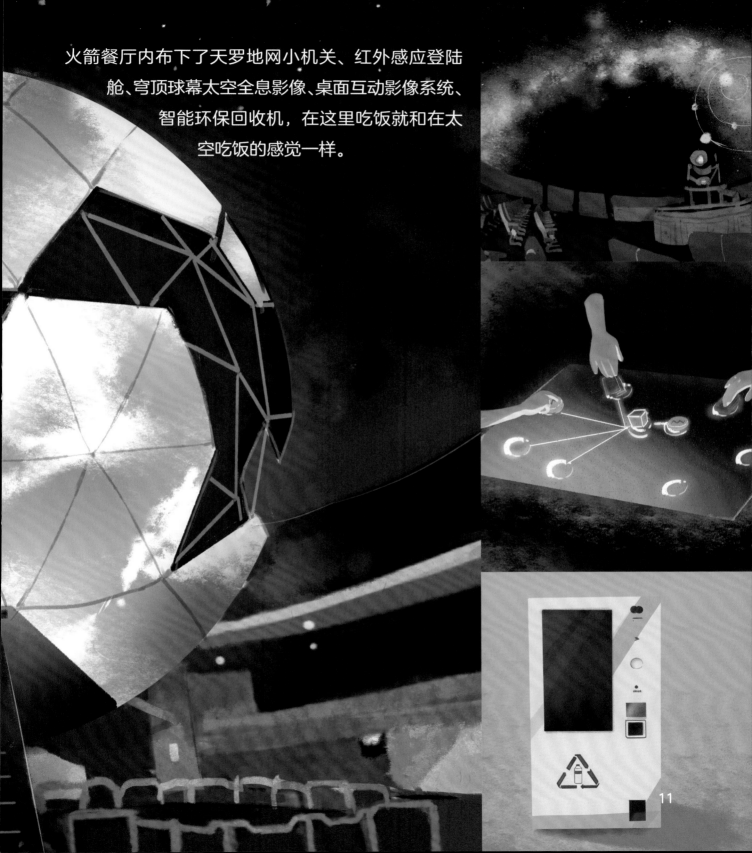

火箭餐厅内布下了天罗地网小机关、红外感应登陆舱、穹顶球幕太空全息影像、桌面互动影像系统、智能环保回收机，在这里吃饭就和在太空吃饭的感觉一样。

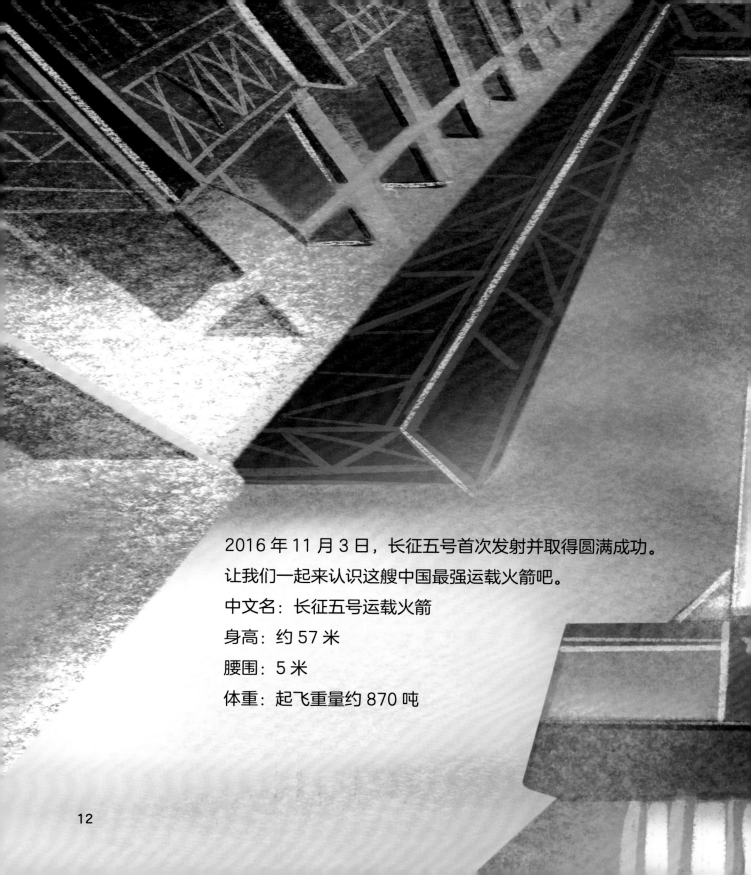

2016 年 11 月 3 日，长征五号首次发射并取得圆满成功。让我们一起来认识这艘中国最强运载火箭吧。

中文名：长征五号运载火箭

身高：约 57 米

腰围：5 米

体重：起飞重量约 870 吨

13

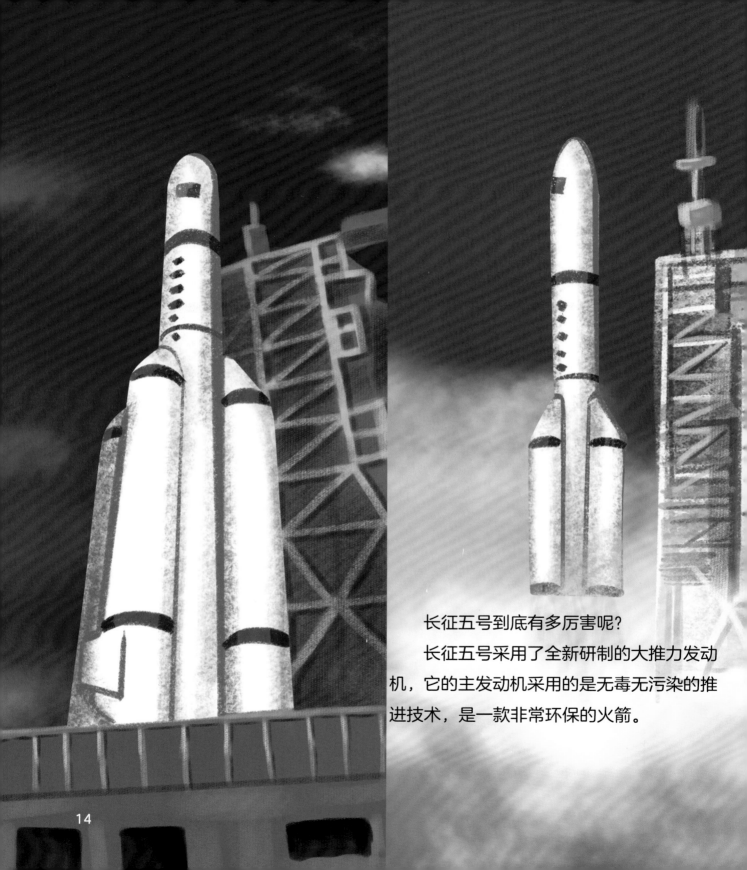

长征五号到底有多厉害呢？

长征五号采用了全新研制的大推力发动机，它的主发动机采用的是无毒无污染的推进技术，是一款非常环保的火箭。

但长征五号最厉害的地方还在于它的运载能力，5 米的直径和超大的运载空间，相当于可以一次把 16 辆小汽车送进太空。

它是中国目前运载能力最强的火箭，它的出现，表明中国的火箭研发水平已经大大地提高了。长征五号是中国航天史上的一个重要里程碑。

介绍完长征系列运载火箭，我们要介绍"坐"在它上面的主要乘客之一了。没错，说的就是"神舟系列飞船"。

神舟飞船是由我国自行研制的载人宇宙飞船。

神舟飞船里面到底长什么样子呢？让我们一起来了解飞船的构造吧。

— 航 天 知 识 卡 —

神舟一号是我国第一艘无人实验飞船，从神舟二号开始，才有了现在载人飞船的雏形。

飞船的整体构造分为三个部分，轨道舱、返回舱和推进舱。这三个部分在每次航行中都有什么用途呢？

　　推进舱，这里装有推进系统和一部分的电源，包括太阳能发电装置，用来提供飞船升空及在太空运行所需的能量。

　　返回舱，这里是航天员的驾驶室，飞船主要的操作系统都安装在这里。它也是航天员最后返回地球时乘坐的舱，里面有降落伞和反推力飞船。

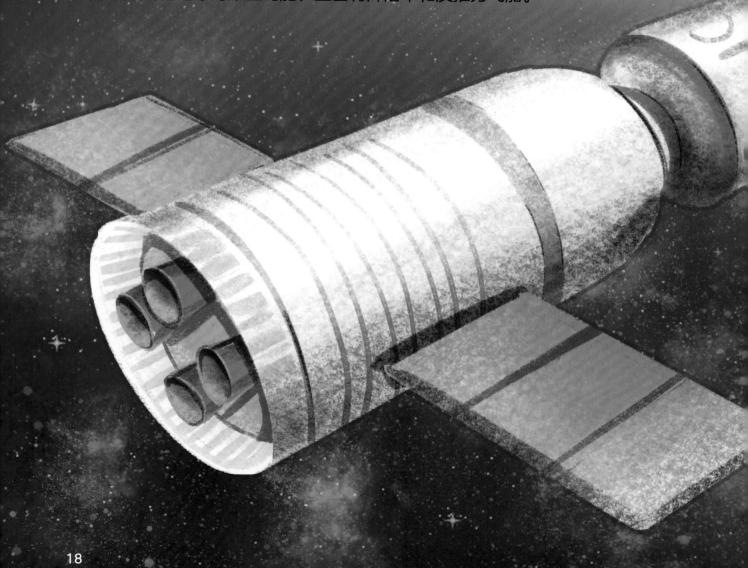

轨道舱，可以说是航天员的一个多功能厅。
航天员可以在这里工作、吃饭、睡觉、洗脸等。
所以，除了升空和返回时要进入返回舱以外，
航天员的其他时间都会在轨道舱里。

玉兔的
悄悄话

并不是飞船的所有部分在飞
上太空之后都能返回地球哦，最
后能和航天员一起回来的，就
只有返回舱。

19

那么，轨道舱内是什么样子，有些什么东西呢？
现在让我们一起到神舟八号的轨道舱看看吧。

— 航 天 知 识 卡 —

神舟八号飞船全长 9 米，最大直径 2.8 米，起飞
重量 8082 公斤。神舟八号是中国航天空间站建
设的重要一环，背负着相当重大的使命。

轨道舱里除了有食物、水、大小便收集器外，还有空间应用、科学实验的仪器设备。全船的设备加起来一共多达600多套！

当我们听到"天宫"，大部分人首先联想到的会是神话里玉皇大帝居住的宫殿。

但中国航天所说的"天宫"，是指在太空中用来开展各类空间科学实验的地方，是我国研制的"空间实验室"系列飞行器。

科学家们会先发射空间实验室到太空，再用运载火箭把载人飞船也送到太空。然后，停留在轨道上的空间实验室就会和载人飞船连接起来，航天员们就能进入空间实验室工作了。

— 航 天 知 识 卡 —

空间实验室是空间站的基础版，当很多个实验舱、生活舱以及服务舱连接在一起时，就组成了宇宙空间站。在这里，航天员能居住更长时间，完成更复杂的实验。

天宫一号是我国第一个空间实验室。

它的主要任务是跟载人飞船完成交会对接的尝试。

什么是交会对接呢？

天宫一号在交会对接中是作为"目标飞行器"，而在它之后发射的神舟飞船则是"追踪飞行器"，它们的关系就像插座与插头。在进入预定轨道后，神舟飞船会主动接近天宫一号，然后像插头一般精准地插入插座，这样交会对接试验也就完成了。

　　交会对接完成后，航天员们就能从神舟飞船进入天宫一号了。

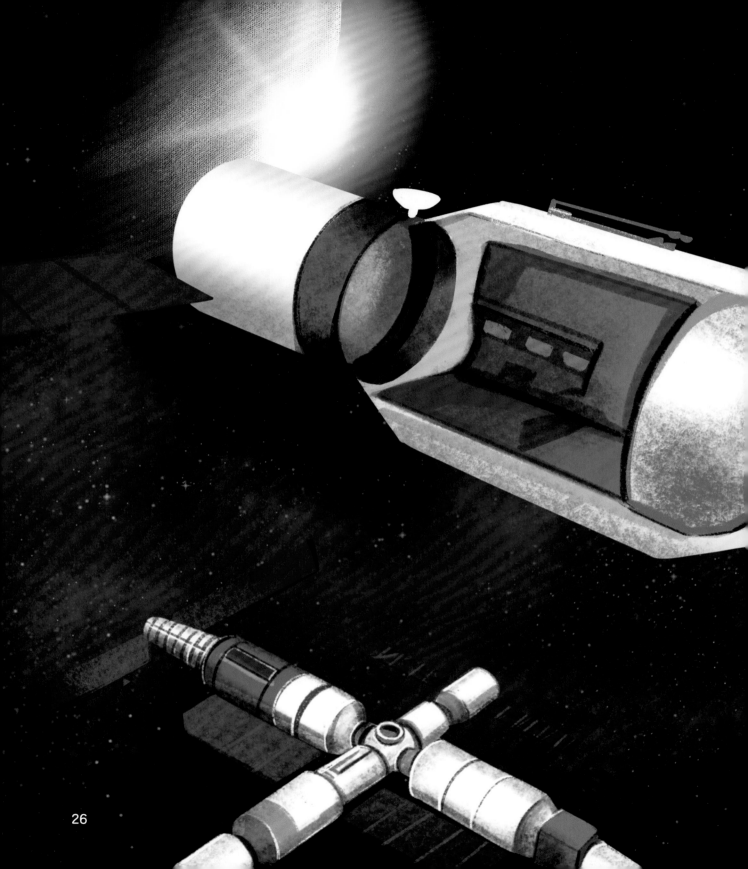

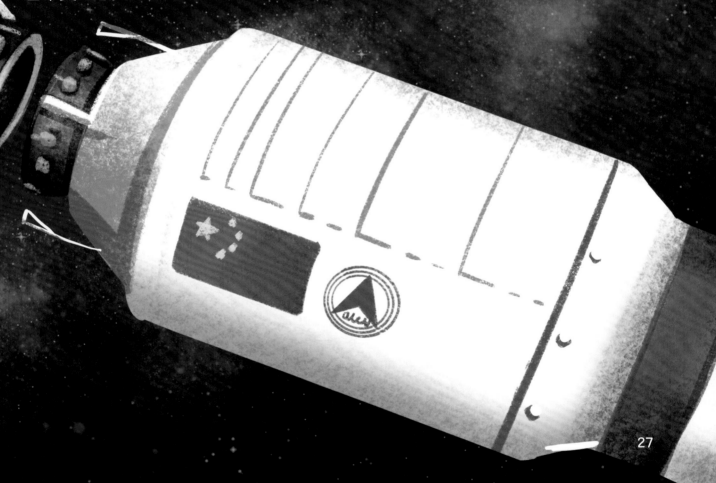

　　在天宫一号之后，天宫二号也成功发射进入了太空。

　　天宫二号是在天宫一号的基础上改装而成的，由资源舱和实验舱组成。

　　它们俩的外形虽然长得差不多，但承担的却是不同的任务。

　　天宫二号在完成交会对接后，它需要在太空中帮助科学家们开展其他各种各样的科学应用和试验。所以严格来说，天宫二号才是我国首个真正意义的空间实验室哦。

27

什么是空间站？它跟宇宙飞船和空间实验室有什么不同呢？

如果把神舟飞船比作一辆轿车，那么天宫一号和天宫二号空间实验室就好比一室一厅的房子，而空间站就如同是三室两厅的房子，还带着储藏间！

也就是说，空间站除了空间较大以外，还大大延长了航天员停留的时间。因此有人将空间站比作航天员的"太空家园"。

玉兔的
悄悄话

为了给空间实验室补充燃料，我们会定期派出"天舟货运飞船"为空间实验室加油哦！

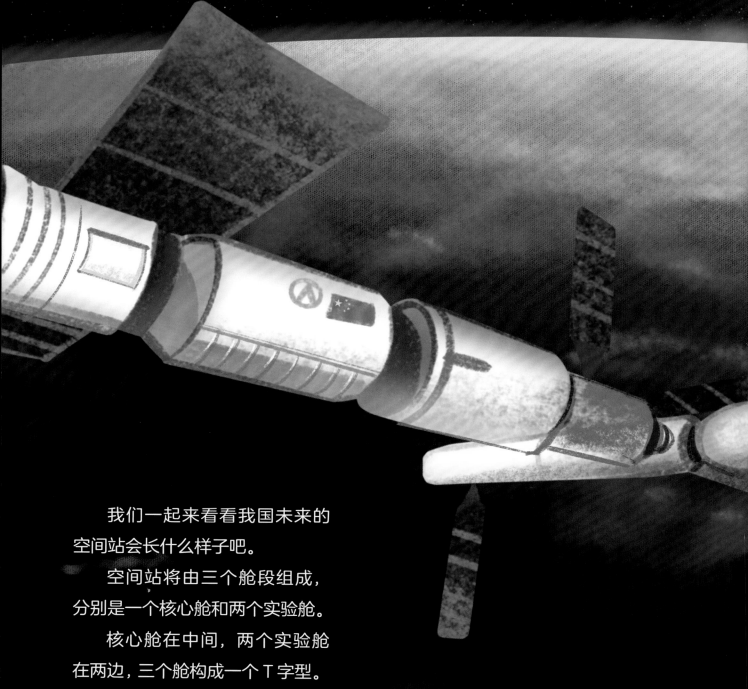

我们一起来看看我国未来的
空间站会长什么样子吧。

空间站将由三个舱段组成，
分别是一个核心舱和两个实验舱。

核心舱在中间，两个实验舱
在两边，三个舱构成一个T字型。

核心舱是空间站的主要控制中心，就像空间站的大脑，负责对整个空间站的飞行姿态、动力，以及航天员的工作生活环境进行控制。其中的一个大柱段部位，是航天员工作和做实验的地方。而另一个小柱段，是航天员的睡眠区和卫生区。

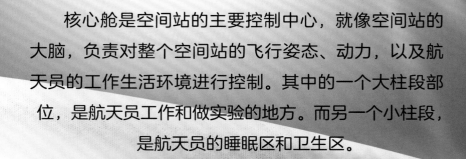

— 航 天 知 识 卡 —

这种 T 字的三舱构型可以对接两艘载人飞船和一艘货运飞船。

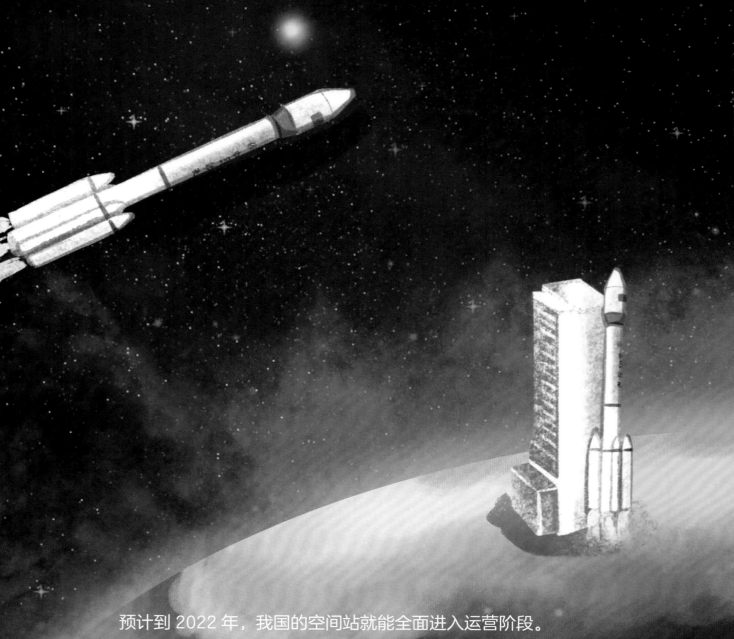

预计到 2022 年，我国的空间站就能全面进入运营阶段。

那时候的空间站将是中国空间科学和新技术研究实验的重要基地，而中国也将成为世界上第三个运营空间站的国家。

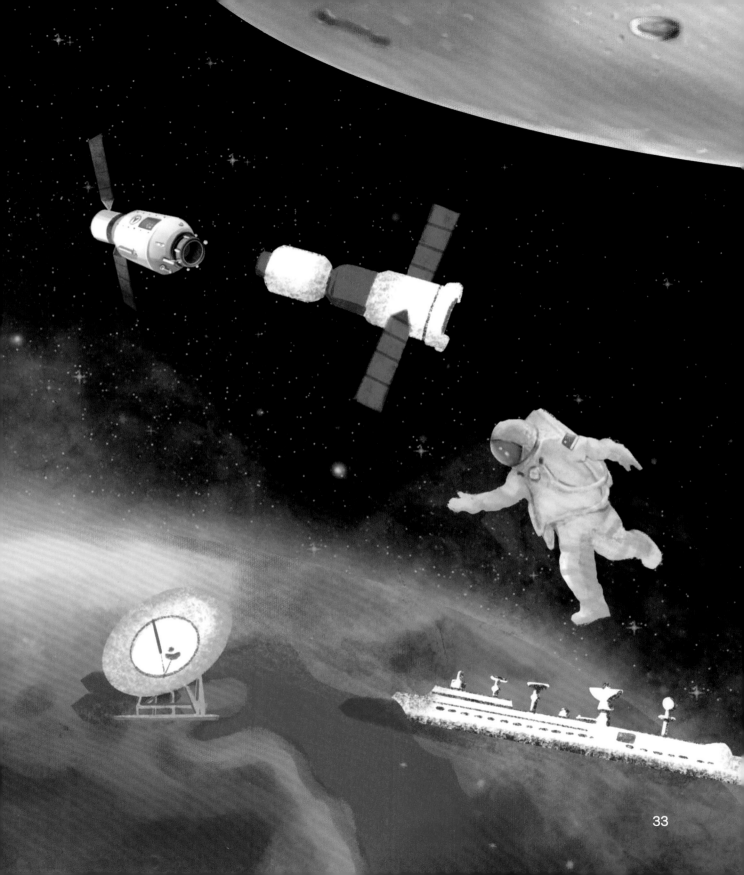

今天了解了宇宙飞船的构造和内部的样子，长了好多知识呀！

是啊，还有空间站。人类以后会不会真的有个太空家园呢？

目前我们的航天员停留在太空中，都是有非常重要的任务在身，其实在空间站中生活可不是那么容易的一件事哦。

那么我们下一趟旅程是不是就去探索在太空中如何生活呢？

是的，那会是一趟非常令人期待的旅程。接下来，我们就要进入今天的快问快答小游戏咯。

1. 把宇宙飞船送到太空的"交通工具"叫什么？

2. 我国自行研制的宇宙飞船系列叫什么？飞船内提供航天员工作、吃饭和睡觉的地方叫什么？

3. 我国首个真正意义的"空间实验室"是？

4. 有"中国最强运载火箭"之称的是？

5. 中国计划在什么时候成为世界上第三个运营空间站的国家？

恭喜你又收获一枚勋章！记得我们的下一趟旅程，更多有趣和好玩的东西在等着我们去探索哦！

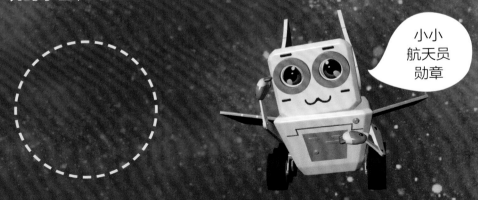

小小
航天员
勋章

图书在版编目（CIP）数据

哇，火箭！/《我们的星辰大海》编委会编著 . --
北京：中信出版社，2021.3
　　（我们的星辰大海）
　　ISBN 978-7-5217-2702-9

　　Ⅰ.①哇… Ⅱ.①我… Ⅲ.①火箭—儿童读物 Ⅳ.
①V475.1-49

中国版本图书馆CIP数据核字(2021)第016892号

哇，火箭！

编　　著：《我们的星辰大海》编委会
出版发行：中信出版集团股份有限公司
　　　　　（北京市朝阳区惠新东街甲4号富盛大厦2座　邮编　100029）
承 印 者：北京尚唐印刷包装有限公司

开　本：889mm×1194mm　1/16　　印　张：22.25　　字　数：30千字
版　次：2021年3月第1版　　　　印　次：2021年3月第1次印刷
书　号：ISBN 978-7-5217-2702-9
定　价：258.00元（全9册）

图书策划 中信出版·文艺分社
策划编辑 李静媛 肖诗雅
责任编辑 肖诗雅
营销编辑 张小光
装帧设计 王 悦

出版发行 中信出版集团股份有限公司
服务热线：400-600-8099 网上订购：zxcbs.tmall.com
官方微博：weibo.com/citicpub 官方微信：中信出版集团
官方网站：www.press.citic

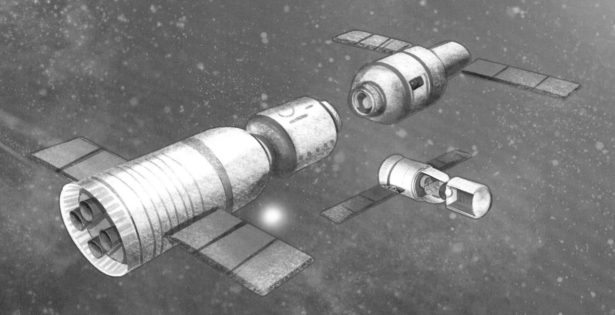

航天员的训练

《我们的星辰大海》编委会　编著

中信出版集团 | 北京

口头禅：**这个我知道！**

标志动作：**帅气地抖搂披风**

大家好，我是胖达，对宇宙中的一切都能如数家珍，常常热心地给小朋友介绍宇宙中的新鲜事物。我可是追梦空间站里最受欢迎的航天员哦！

口头禅：**"东有启明，谓之太白"（吟诗作对）**

标志动作：**慢悠悠地捋胡须**

大家好，我是太白爷爷，我可以随意变成球状，旋转着滚动，但我更喜欢用腿，我的头部是 72 面体，每一片方块都记载着宇宙的一个秘密。

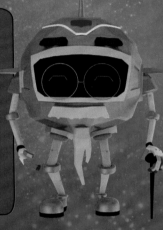

口头禅：**小朋友们今天的旅程开心吗？快和我们一起来打卡吧！**

标志动作：**用轮子在地上跑来跑去（左边去一下，右边去一下）**

大家好，我是脚踩六轮的玉兔。我的肚子里还藏着很多秘密武器哦。我能像变形金刚一样自由切换形状，能安全地带领小朋友们在月球上游玩。

这里是一座飘浮在太空的城堡，人们都叫它**"追梦空间站"**。

在这里，梦想探索太空的小伙伴们会组成"追梦航天队"，每天开启新的旅程，向神秘的星辰大海出发，去冒险和探索。

每趟旅程结束时，我们还会一起玩一个有趣的小游戏。只要成功完成快问快答小游戏，就能获得一个"小小航天员勋章"哦！

上期旅程，我们见识到了长征运载火箭、神舟飞船、天宫空间实验室系列中各自最具代表性的型号，也了解了中国将在未来搭建的"太空家园"。这次，我们将走近航天员，随着他们进入太空：

　　- 航天员的选拔条件；

　　- 航天员的训练；

　　- 航天员在太空中的就餐和运动；

　　- 飞向太空的目的。

3

你幻想过自己坐上宇宙飞船，在太空中飞行吗？

航天员是许多人梦想的一个特别的职业。这个职业需要离开地球，飞向遥远的太空。

你知道当上航天员需要具备什么条件吗？难不难？

让我们一起来了解中国航天员选拔的标准吧！

我国航天员选拔的过程分为两个阶段。第一阶段是从普通候选人中选出预备航天员，第二阶段是从预备航天员中选出真正的航天员。

预备航天员的选拔标准有：

- **年龄：**
  25 ～ 35 岁；
- **体重：**
  55 ～ 70 公斤；
- **身高：**
  160 ～ 172 厘米；
- **职业：**
  出色的飞行员；
- **精神：**
  拥有坚定的意志和乐于奉献；
- **健康：**
  健康体检为甲等，无潜在性疾病。

要想成为一名真正的航天员，还要经过许多艰苦和严酷的训练，要说它是"魔鬼训练"一点儿也不为过。

让我们跟着预备航天员一起体验一下航天环境的适应性训练吧！

　　在发射和返回的过程中，航天员会遇到超重作用，它使人的体重和内脏的重量增加好几倍；而在太空中，航天员处于失重状态，飘浮在空中。在这些特殊环境下，人会产生生理上的不适应，因此航天员体质的适应能力就显得很重要了。

自行车功量计

航天员的适应性训练主要有：
超重训练、失重飞机训练、浸水训练、
头低位训练、前庭功能训练。

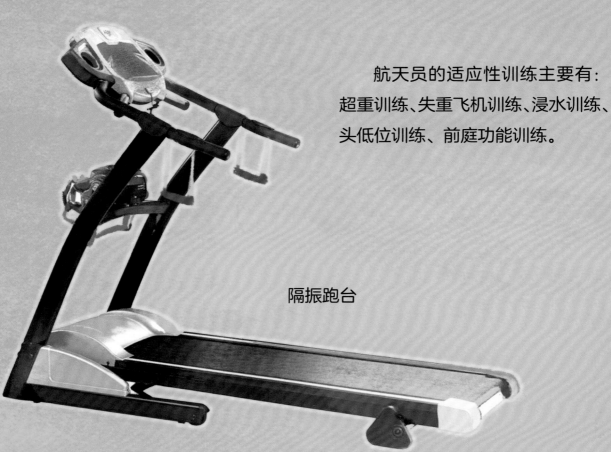

隔振跑台

多维训练器

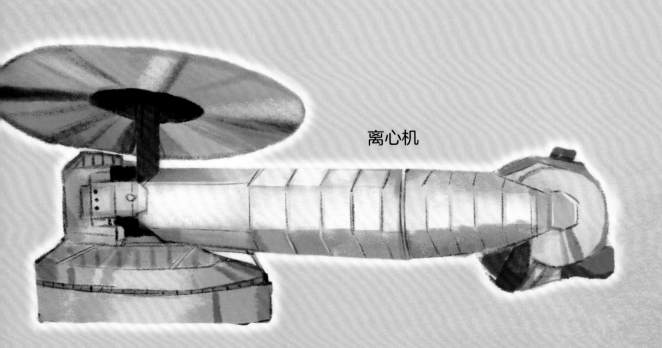

离心机

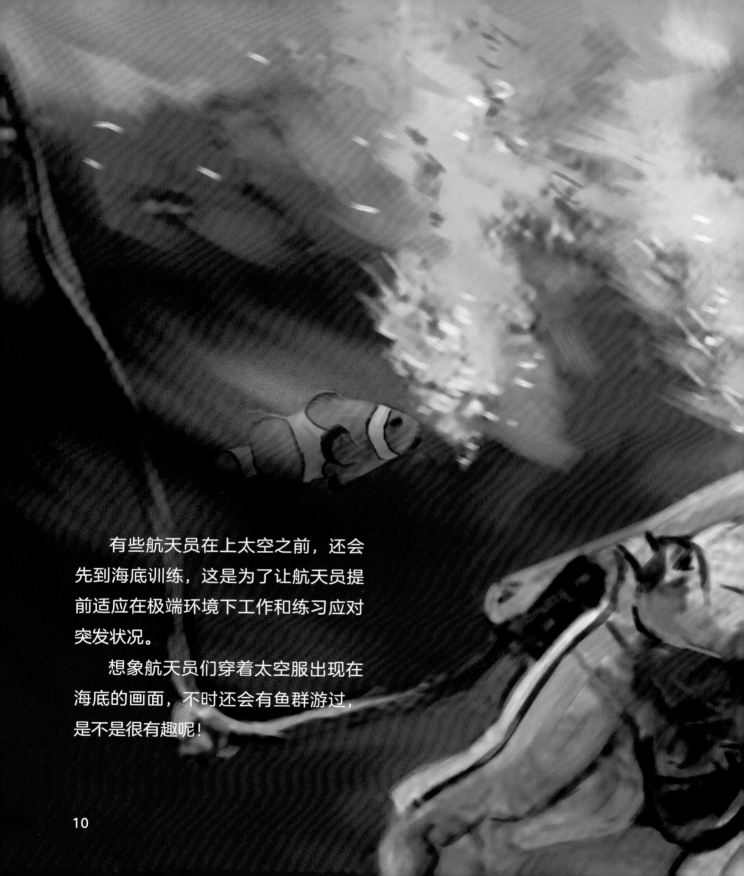

有些航天员在上太空之前，还会先到海底训练，这是为了让航天员提前适应在极端环境下工作和练习应对突发状况。

想象航天员们穿着太空服出现在海底的画面，不时还会有鱼群游过，是不是很有趣呢！

10

11

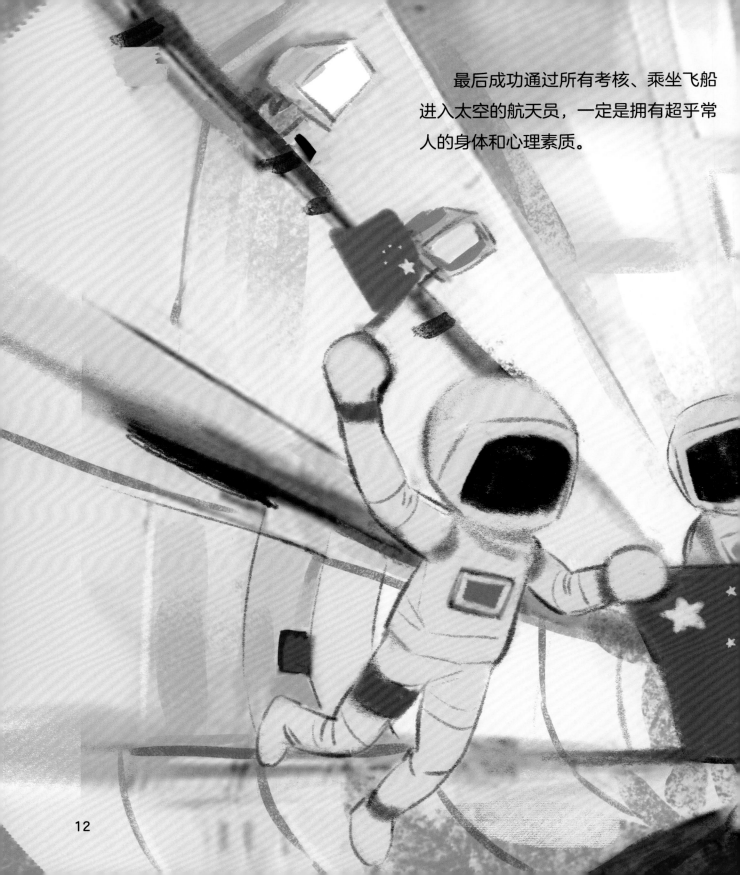

最后成功通过所有考核、乘坐飞船进入太空的航天员，一定是拥有超乎常人的身体和心理素质。

这样一来，回想我们中国进入过太空的那11位航天员，他们真的太了不起了！

玉兔的悄悄话

看来飞上太空真的不是一件容易的事啊！

13

你有没有想象过，要是没有了重力，我们就会飘浮起来，像鱼儿一样自由地在空气中穿梭，我们的生活还会发生哪些改变呢？

14

这些改变可都是航天员们在进入太空后所必须要面对的现实问题哦。
在没有重力的太空环境下，航天员们所有的日常生活，无论是吃饭、喝水、洗澡、运动，就连睡觉也都跟在地球上有大大的不同！
我们这就先去看看航天员们是怎样饮食的吧。

很久以前，受到食物保存技术的限制，航天员的食物都需要装在像牙膏一样的管子里，口感和味道都非常差。

随着航天技术的进步，现在航天员的伙食也有了明显的改善。

现在吃的食物比以前丰富多了，各种米饭、蔬菜、水果都可以经过真空脱水保存起来。当航天员想要用餐的时候，只要将这些食品加水放进微波炉加热，就可以吃了。

航天员吃饭的时候一定要把自己固定住，就像小朋友吃饭被固定在儿童座椅里一样，这样才不会担心吃着吃着就飘走了。

在太空喝水是用不到杯子的。因为水在倒出来的那一刻，就会到处"飘散"。所以航天员都是用吸管吸水。

航天员是怎么洗澡的呢？

在太空里，水是飘散的，航天员
一般用湿巾来清洁身体，但还有
一种奢侈的洗法，那就是航
天员在密闭的罩子里冲洗，
最后用真空管子把身上
的水分抽干。

航天员也没有办法像我们一样躺在床上，因为不仅床会飘走，被子和人也会飘走。为了好好地睡上一觉，他们需要钻进固定在舱壁上的睡袋，才能确保自己不在睡觉的时候四处"飘荡"。

— 航天知识卡 —

以天宫二号来说，太阳每 90 分钟就升起落下，相当于一天要度过 16 个日夜。所以航天员在睡觉的时候还需要戴上眼罩和特制的耳机，用来隔绝光和噪声。

在太空做运动也与在地球有所不同。

我们常常在科幻电影中看见航天员在太空舱里的跑步机上跑步，但你有没有发现这个跑步机上多了一条橡皮带呢？

这条富有弹性的橡皮带不仅能将航天员固定在跑步机上，同时也能让航天员的脚上感觉到力量，这样才能跑起来哦！

— 航天知识卡 —

关于太空中的重力，我们来考一考大家，在以下三项运动中，哪一项最适合在太空里锻炼身体呢？

1.哑铃；2.跳绳；3.弹力拉力器。

答案是弹力拉力器。因为弹力拉力器锻炼的是人肌肉的伸缩和舒张力，不需要借助重力就可以完成。而其他两项运动在失重的环境下都没有办法达到锻炼的效果哦。

你答对了吗？

23

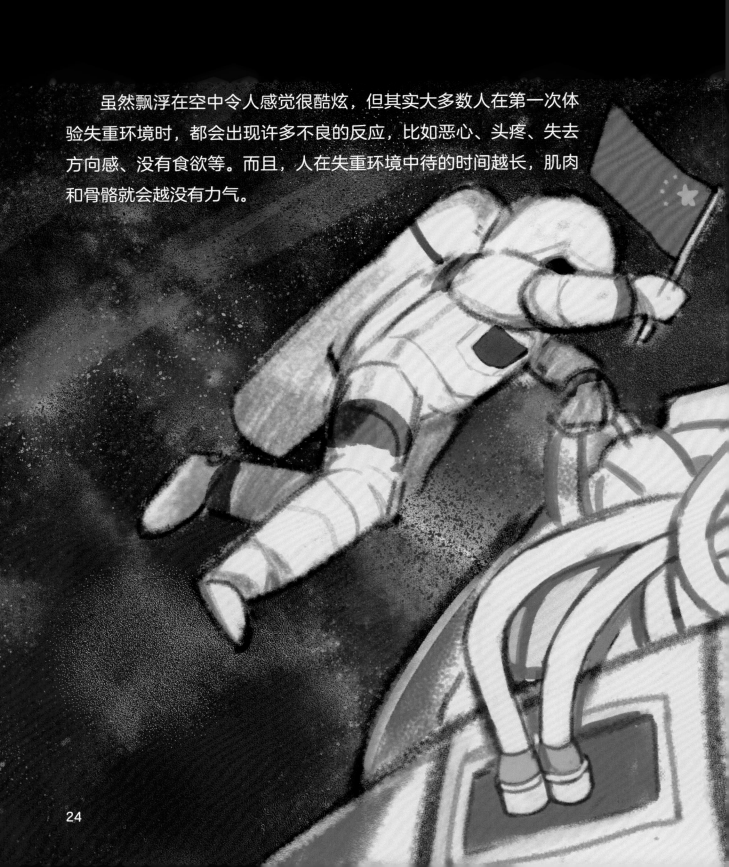

　　虽然飘浮在空中令人感觉很酷炫，但其实大多数人在第一次体验失重环境时，都会出现许多不良的反应，比如恶心、头疼、失去方向感、没有食欲等。而且，人在失重环境中待的时间越长，肌肉和骨骼就会越没有力气。

规律的运动可以帮助航天员减少肌肉萎缩和骨质量的流失，同时还能有效地缓解人体因为失重而带来的不适感。

　　所以在太空中运动，不只是为了消遣，更是为了保命哦！

我们在电视上看到航天员成功返航出舱时，往往都不是自己走出来的，而是被扶着甚至被抬着走，你知道这是为什么吗？

这是因为，航天员刚回到地面，身体一时还难以承受地球的重力。再加上经过长时间的太空飞行以后，身体会变得比较虚弱，如果强行自己走路，很容易就会骨折、晕厥、呕吐，甚至还会引发心脏问题。

但是，太空生活还会给航天员带来一个有趣的变化，那就是，"长高"！

这是因为啊，在地球上，重力会对人的脊柱形成轻微的压力。但在太空的失重环境下，没有受到压力的脊柱就会自己伸展开来，这样人看起来就长高了。一般情况下，在太空，航天员都能长高 2 ~ 5 厘米不等。

但是只要一回到地球上，航天员的身高很快就会恢复啦。

成为一名航天员，进入未知的太空领域进行探索，是一件非常光荣和自豪的事情。但要成为一名合格的航天员，却是需要拥有超乎常人的努力和毅力啊！

玉兔的悄悄话

航天员们真是太了不起了！

说了这么多，你可能脑海里会冒出这么一个问题："我们为什么要费那么大的力气去太空呢？"

这是一个好问题。

探索太空，除了满足人类对天空与生俱来的好奇以外，还为了更好地认识地球，同时也为人类寻找可能的新家园！

原来成为一名航天员这么不容易。

是呀，梦想成为一名合格的航天员，可是需要准备付出相当大的努力和毅力的哦。

我相信，所有航天员在进入太空的时候一定是非常激动和有成就感的！

嗯，而且并不是所有人都有机会拥有在太空中生活的奇妙体验呀！

哈哈，你们说的都对。接下来，我们就要进入今天的快问快答小游戏咯。

1. 航天员选拔的标准有没有性别限制呢?

2. 航天员们吃饭睡觉都需要被固定着,这是为什么呢?

3. 航天员们在太空中怎样运动?

4. 说出你认为太空生活给航天员带来的最有趣的变化。

恭喜你又收获一枚勋章!记得我们的下一趟旅程,更多有趣和好玩的东西在等着我们去探索哦!

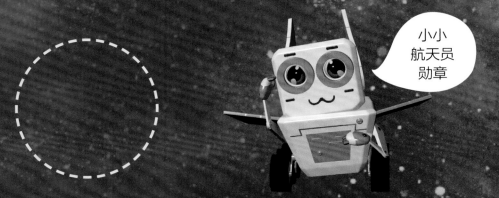

小小航天员勋章

- 特别鸣谢 -

黄瑞松　刘永才　欧阳自远　高凤林

杨宇光　左莉华　胡志勇　熊亮　郑永春

胡国英　朱进　于飞　李硕　武铠　周珩

张亦驰　王旭　刘登锐　陈奕光

-《我们的星辰大海》编委会 -

蔡怀军　郑华平　梁德平　杨喜卿

周山　方菲　张志红　吴梦知

- 特约策划 -

张晓雪　王娟

- 特约改编 -

颜文赋

- 特邀审订 -

王君毅　边辑　王爽　郑贵来

詹齐越　江南　茉莉　白翔

图书在版编目（CIP）数据

航天员的训练 /《我们的星辰大海》编委会编著
. -- 北京：中信出版社，2021.3
（我们的星辰大海）
ISBN 978-7-5217-2702-9

Ⅰ.①航… Ⅱ.①我… Ⅲ.①航天员—儿童读物
Ⅳ.①V527-49

中国版本图书馆CIP数据核字(2021)第015979号

航天员的训练

编　　著：《我们的星辰大海》编委会
出版发行：中信出版集团股份有限公司
　　　　　（北京市朝阳区惠新东街甲4号富盛大厦2座　邮编　100029）
承 印 者：北京尚唐印刷包装有限公司

开　　本：889mm×1194mm　1/16　　印　　张：22.25　　字　　数：30千字
版　　次：2021年3月第1版　　　　印　　次：2021年3月第1次印刷
书　　号：ISBN 978-7-5217-2702-9
定　　价：258.00元（全9册）

图书策划 中信出版·文艺分社
策划编辑 李静媛 肖诗雅
责任编辑 肖诗雅
营销编辑 张小光
装帧设计 王　悦

出版发行 中信出版集团股份有限公司
服务热线：400-600-8099 网上订购：zxcbs.tmall.com
官方微博：weibo.com/citicpub 官方微信：中信出版集团
官方网站：www.press.citic

了不起的人造卫星

《我们的星辰大海》编委会　编著

中信出版集团｜北京

口头禅：**这个我知道！**
标志动作：**帅气地抖搂披风**

大家好，我是胖达，对宇宙中的一切都能如数家珍，常常热心地给小朋友介绍宇宙中的新鲜事物。我可是追梦空间站里最受欢迎的航天员哦！

口头禅：**"东有启明，谓之太白"（吟诗作对）**
标志动作：**慢悠悠地捋胡须**

大家好，我是太白爷爷，我可以随意变成球状，旋转着滚动，但我更喜欢用腿，我的头部是 72 面体，每一片方块都记载着宇宙的一个秘密。

口头禅：**小朋友们今天的旅程开心吗？快和我们一起来打卡吧！**
标志动作：**用轮子在地上跑来跑去（左边去一下，右边去一下）**

大家好，我是脚踩六轮的玉兔。我的肚子里还藏着很多秘密武器哦。我能像变形金刚一样自由切换形状，能安全地带领小朋友们在月球上游玩。

这里是一座飘浮在太空的城堡，人们都叫它**"追梦空间站"**。

在这里，梦想探索太空的小伙伴们会组成"追梦航天队"，每天开启新的旅程，向神秘的星辰大海出发，去冒险和探索。

每趟旅程结束时，我们还会一起玩一个有趣的小游戏。只要成功完成快问快答小游戏，就能获得一个"小小航天员勋章"哦！

上期旅程，我们了解了怎么当上一名航天员，以及航天员在太空中的生活和面对的考验。这次旅程，我们将继续展开新的探索：

- 运用到生活中的航天发明；
- 不可小看的人造卫星；
- 人造卫星和天然卫星的不同；
- 神奇的太空植物；
- 保护人类的人造卫星。

人类开始探索太空以后，生活也发生了巨大的改变。

许多现在看起来不起眼的日常用品，最早都是为了解决太空生活的难题才发明的。

美味方便面里的脱水蔬菜，是为了让航天员在太空飞行时能获得蔬菜的营养，才研究出来的哦。

你有没有想过，航天员们穿着那么厚重的航天服，他们突然想要尿尿，怎么办呢？

为了解决航天员上厕所的问题，科学家就在太空服中加入了一种特别的材料，这种材料吸水能力特别强。哈哈，今天宝宝们用的尿不湿就是这么来的！

— 航 天 知 识 卡 —

美国首位宇航员艾伦·谢泼德在火箭发射前就遇到了上厕所这个问题。当时因为时间来不及，他只好尿在太空服里。

有人造卫星，那一定也有"天然卫星"。
它们有什么不同呢？

它们都是围绕着地球转圈圈，天然卫星是宇宙中的星体，而人造卫星是在航天事业开始后，人类发射到太空的一种无人航天器。

我们的地球只有一颗天然卫星，你知道它的名字吗？

没错，那就是中秋节晚上，天空中最圆、最亮的月亮啦！

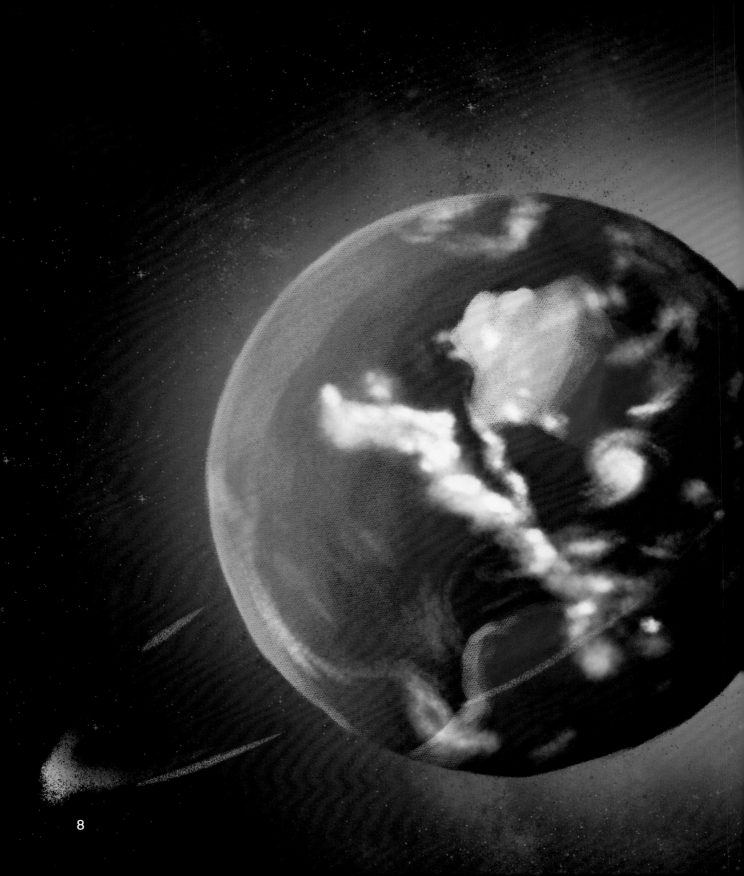

当我们仰望夜空时，可以看见点点星光。它们大都是距离我们很远很远的星体，但有些却是距离我们很近的人造卫星哦！

人造卫星也和月亮一样，会反射太阳的光，它的金属外壳和太阳能电池板都是很好的反射材料。

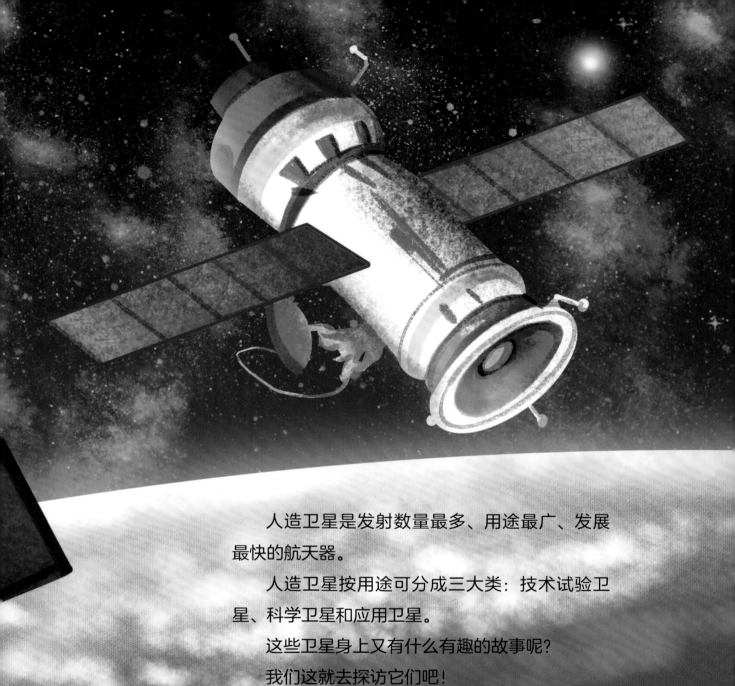

　　人造卫星是发射数量最多、用途最广、发展最快的航天器。

　　人造卫星按用途可分成三大类：技术试验卫星、科学卫星和应用卫星。

　　这些卫星身上又有什么有趣的故事呢？

　　我们这就去探访它们吧！

这里是哪里呢？

这里是人造卫星在地球外运转的轨道，你看，那就是"实践一号"，中国第一颗"技术试验卫星"。

你有没有发现它长得很像太白爷爷呢？

没错，它也是 72 面体的球状卫星。

技术试验卫星到底有什么用途呢？

航天事业在发展的过程中，会发明许许多多的新技术。

我们怎么知道这些新技术管不管用呢？这就需要试一试了。

工程师们把这些新技术用在人造卫星上，然后让它去太空"试一试"，这就是技术试验卫星的工作啦。

13

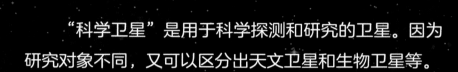

"科学卫星"是用于科学探测和研究的卫星。因为研究对象不同，又可以区分出天文卫星和生物卫星等。

它就像是一座飘在太空的实验室，里面配备着许多科学实验所需的器材。它也像是一位探险家，装备着望远镜、光谱仪、压力测量计等仪器，对未知的太空和其他的星体进行观测。

2015 年 12 月 17 日，我国第一颗天文卫星"悟空"，成功发射。

　　"悟空"为暗物质粒子探测卫星，主要负责在太空中观测神秘的空间物质。因为太空中没有大气层的阻挡，它可以帮助科学家们"看见"更辽阔的宇宙范围，好比科学家们在太空中的一只"千里眼"。

玉兔的悄悄话

那看来这种卫星都需要具备返回地球的能力呢！

太空是个很神奇的地方，这里的环境十分复杂，比如重力、昼夜周期、辐射现象等，都跟地球环境有很大的不同。地球生物在这种环境下，也会发生大大小小的变化。

科学家们发现了这点以后，就开始尝试把地球生物送上太空，让它们在太空停留一段时间，然后再把它们送回来，看看会有什么神奇的事情发生。这就是"生物卫星"的工作了。

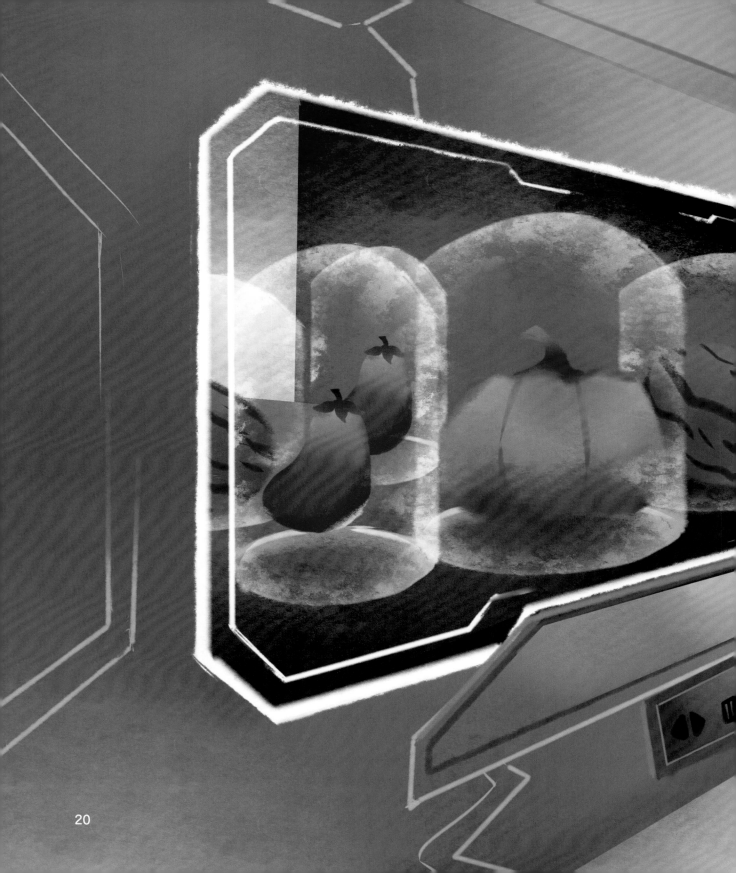

从 20 世纪 60 年代起，科学家们就开始把黄瓜、辣椒、水稻等农作物的种子送入太空。它们去了一趟"太空旅行"后，就发生了许多神奇的变化。

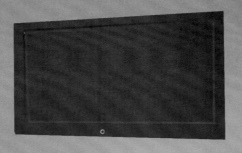

原本正常大小的黄瓜，能长 1 米多长！

这种奇特的现象要怎么解释呢？

简单地说，太空中的特殊环境对这些生物的基因结构产生了影响，改变了它们原来的模样和特性。

基因结构就好比我们玩的乐高，只要改变拼法，就会让它们的模样和特性变得不同！

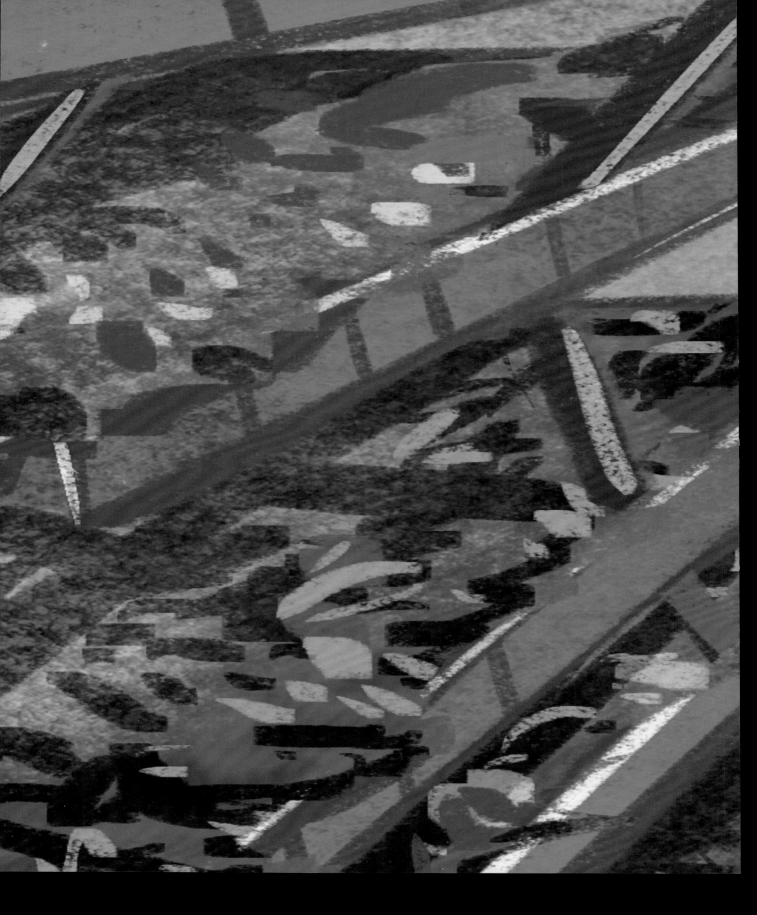

生物卫星会把农作物种子送到太空，利用太空的特殊环境让种子产生变异，科学家再把返回地面的种子进行筛选，培育成新品种，这个过程我们称作"太空育种"。这可是非常先进的生物科技哦！

应用卫星"是跟人类生活最息息相关的人造卫星了，因为它被用到了我们日常生活中的方方面面。它的种类和发射数量都是人造卫星中最多的！

我们一起看看它有哪些主要的种类吧。

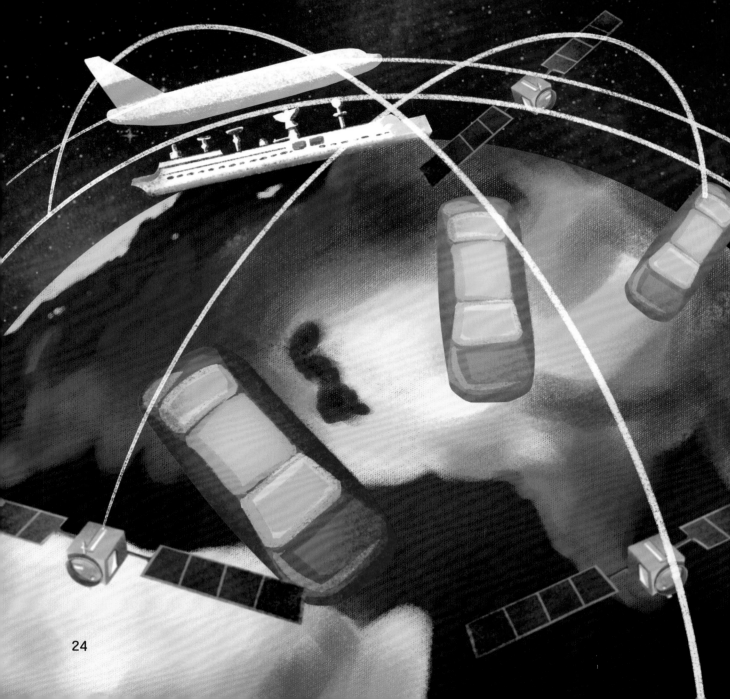

"气象卫星"可以对地球和大气层进行气象观测，为我们预测天气等。

　　"地球资源卫星"可以勘测和研究地球自然资源，为我们找到丰富的矿产等。

　　我们的军人可以透过"侦察卫星"获取军事情报，更有效地保护祖国等。

　　还有一种应用卫星，能够让我们再也不迷路！你知道是哪一种卫星吗？

没错，是导航卫星！

我们现在出门旅行已经习惯使用卫星定位和导航系统来帮助我们到达目的地了。

它就好比是《西游记》里取经路上探路的孙悟空和指路的土地爷爷的相互合作哦！

除了在地上，导航卫星也可以在海洋和空中进行定位。这就是为什么船长在大海上，飞行员在天空上，也不会迷路的原因啦！

— 航 天 知 识 卡 —

你知道吗，在太空中，人造卫星可以同时处理大量的资料，然后再把资料快速传送到世界的任何角落。

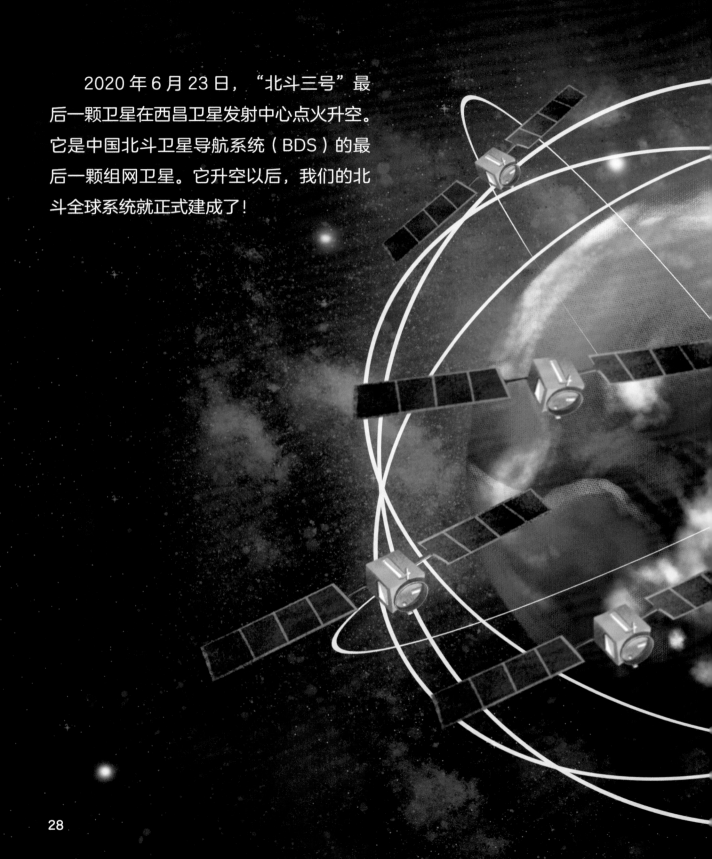

2020 年 6 月 23 日，"北斗三号"最后一颗卫星在西昌卫星发射中心点火升空。它是中国北斗卫星导航系统（BDS）的最后一颗组网卫星。它升空以后，我们的北斗全球系统就正式建成了！

"北斗"是一个先进、强大的卫星导航系统，它为全世界做出了巨大的贡献。

有了这样的导航卫星，我们再也不用害怕迷路啦！

我国航天事业的高分辨率对地观测系统是一项伟大的应用卫星研究，其中"高分卫星"就好比是孙悟空的"火眼金睛"，可以一眼看穿地球的自然变化。这些变化是我们在地球上不一定能及时发现的，这就让它拥有了相当于"预知"的能力。

　　从此以后，再发生地震、洪涝等自然灾害，我们就可以提前做好准备，减轻人类受到的灾难了！

31

这一次的探索太有趣了！

是啊，原来航天员在天空中的生活用品也在我们日常生活中普及啦。

事实上，在太空中做的许多科学实验也一直在影响着我们，提高我们的生活品质。而这些都是科学的力量。

看来科学真是太重要了。

没错，学好科学对提升智慧和面对生活也是很有帮助的哦！

接下来，我们就要进入今天的回顾小游戏咯。

1. 你能说出三个航天事业中发明的日常生活用品吗？

2. 你知道科学家们在太空中的"千里眼"是哪一种卫星吗？

3. 北斗卫星的功能是什么？

4. 把农作物送到太空，让种子发生变化来培育新品种的过程，称作什么呢？

5. 为了解决航天员"尿裤子"的问题，科学家发明了什么？

恭喜你又收获一枚勋章！记得我们的下一趟旅程，更多有趣和好玩的东西在等着我们去探索哦！

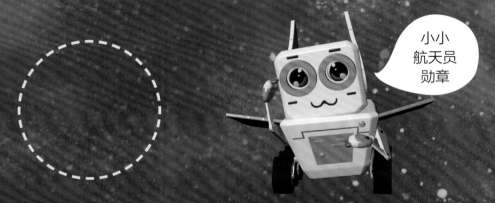

小小航天员勋章

- 特别鸣谢 -

黄瑞松　刘永才　欧阳自远　高凤林

杨宇光　左莉华　胡志勇　熊亮　郑永春

胡国英　朱进　于飞　李硕　武铠　周珩

张亦驰　王旭　刘登锐　陈奕光

-《我们的星辰大海》编委会 -

蔡怀军　郑华平　梁德平　杨喜卿

周山　方菲　张志红　吴梦知

- 特约策划 -

张晓雪　王娟

- 特约改编 -

颜文赋

- 特邀审订 -

王君毅　边辑　王爽　郑贵来

詹齐越　江南　茉莉　白翔

图书在版编目（CIP）数据

了不起的人造卫星 / 《我们的星辰大海》编委会编
著 . -- 北京：中信出版社, 2021.3
（我们的星辰大海）
ISBN 978-7-5217-2702-9

Ⅰ. ①了… Ⅱ. ①我… Ⅲ. ①人造卫星—儿童读物
Ⅳ. ①V474-49

中国版本图书馆CIP数据核字(2021)第015981号

了不起的人造卫星

编　　著：《我们的星辰大海》编委会
出版发行：中信出版集团股份有限公司
　　　　　（北京市朝阳区惠新东街甲4号富盛大厦2座　邮编　100029）
承 印 者：北京尚唐印刷包装有限公司

开　本：889mm×1194mm　1/16　　印　张：22.25　　字　数：30 千字
版　次：2021 年 3 月第 1 版　　　印　次：2021 年 3 月第 1 次印刷
书　号：ISBN 978-7-5217-2702-9
定　价：258.00 元（全9册）

图书策划 中信出版·文艺分社
策划编辑 李静媛 肖诗雅
责任编辑 肖诗雅
营销编辑 张小光
装帧设计 王　悦

出版发行 中信出版集团股份有限公司
服务热线：400-600-8099 网上订购：zxcbs.tmall.com
官方微博：weibo.com/citicpub 官方微信：中信出版集团
官方网站：www.press.citic

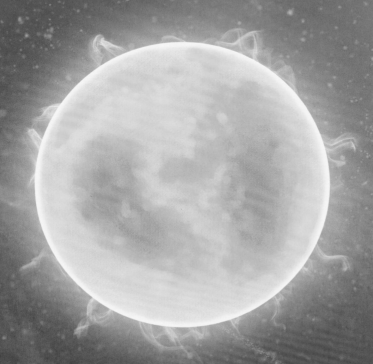

太阳上的大爆炸

《我们的星辰大海》编委会　编著

中信出版集团 | 北京

口头禅：**这个我知道！**
标志动作：**帅气地抖搂披风**

大家好，我是胖达，对宇宙中的一切都能如数家珍，常常热心地给小朋友介绍宇宙中的新鲜事物。我可是追梦空间站里最受欢迎的航天员哦！

口头禅：**"东有启明，谓之太白"（吟诗作对）**
标志动作：**慢悠悠地捋胡须**

大家好，我是太白爷爷，我可以随意变成球状，旋转着滚动，但我更喜欢用腿，我的头部是 72 面体，每一片方块都记载着宇宙的一个秘密。

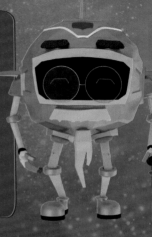

口头禅：**小朋友们今天的旅程开心吗？快和我们一起来打卡吧！**
标志动作：**用轮子在地上跑来跑去（左边去一下，右边去一下）**

大家好，我是脚踩六轮的玉兔。我的肚子里还藏着很多秘密武器哦。我能像变形金刚一样自由切换形状，能安全地带领小朋友们在月球上游玩。

这里是一座飘浮在太空的城堡，人们都叫它**"追梦空间站"**。

在这里，梦想探索太空的小伙伴们会组成"追梦航天队"，每天开启新的旅程，向神秘的星辰大海出发，去冒险和探索。

每趟旅程结束时，我们还会一起玩一个有趣的小游戏。只要成功完成快问快答小游戏，就能获得一个"小小航天员勋章"哦！

1

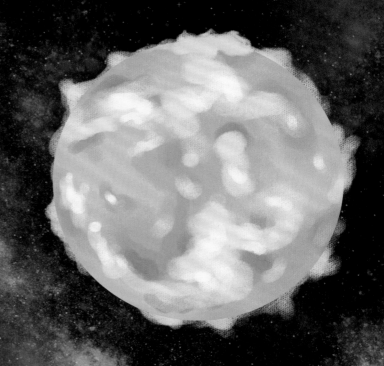

　　上期旅程，我们了解了中国探月工程的发展，以及探测火星的计划。
这次，我们将继续展开新的探索：

　　　　－ 地球的真实模样；

　　　　－ 自转和公转；

　　　　－ 月球上的脚印；

　　　　－ 要是月球不见了；

　　　　－ 太阳上的大爆炸。

在太空看地球，地球像是一颗蓝色的球。这是因为地球表面上有大部分的地方都是海洋。

小朋友们不妨先想一想：为什么不叫它"水球"呢？

现在我们就来好好了解一下地球吧！

科学家经过长期的测量，发现地球其实并不是很圆。地球真正的形状更像个"梨子"，两头稍微扁一些，中间稍微胖一些，被叫作"梨形体"。

小朋友们有没有发现，地球被一条发光的蓝色细线包围着呢？

那其实是地球的大气层了，它的实际厚度有 1000 千米以上！

大气层由内到外，有"对流层"、"平流层"、"中间层"、"热层"和"散逸层"。

不同的大气层作用大不同哦！

打雷下雨这些天气变化都发生在对流层。

保护地球不受宇宙射线伤害的臭氧主要存在于平流层。

滑落地球的流星大部分会消失在中间层。

神奇的极光发生在热层。

散逸层是大气的最外层，这里的环境已经跟太空非常接近了，

有一些航天器在这里执行飞行任务哦。

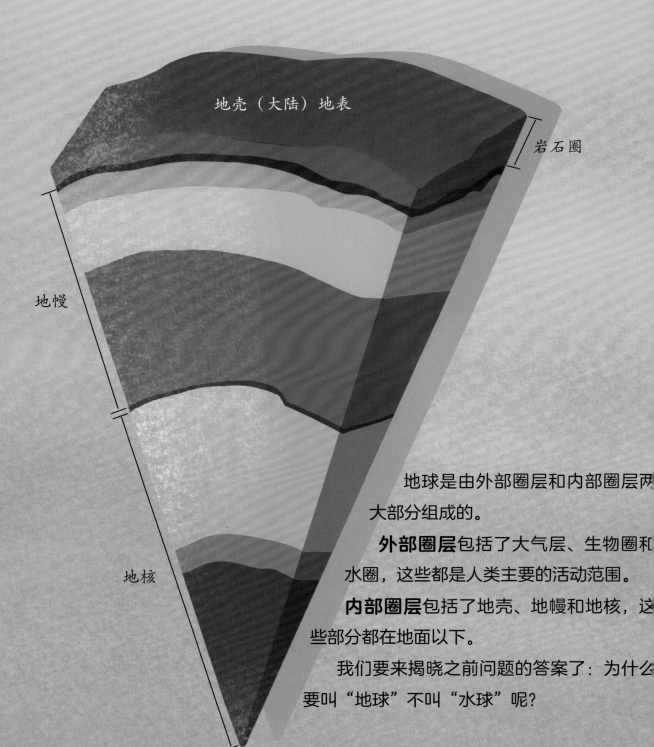

地壳（大陆）地表

岩石圈

地幔

地核

地球是由外部圈层和内部圈层两大部分组成的。

外部圈层包括了大气层、生物圈和水圈，这些都是人类主要的活动范围。

内部圈层包括了地壳、地幔和地核，这些部分都在地面以下。

我们要来揭晓之前问题的答案了：为什么要叫"地球"不叫"水球"呢？

这是因为古时候人们都住在陆地上，并不知道海有多大。我们后来也发现了，陆地的厚度要远远大于水圈的厚度，那么叫它"地球"也没叫错哦！

外部圈层

大气层

生物圈

水圈

内部圈层

— 航 天 知 识 卡 —

地壳平均厚度约 17 千米，水圈平均厚度约 3.8 千米。

你知道太阳是从哪个方向升起的吗？

　　这应该难不倒你，是的，太阳每天都从东方升起，西方落下。这是因为地球每分每秒都在由西向东转动，我们叫它"自转"。

地球自转一圈的周期是 23 时 56 分 4 秒（约等于 24 小时），也就是我们一天的时间。地球的自转让我们面对太阳，或者背对太阳，因此产生了白天和黑夜。

　　地球除了自转，它还会按照一定轨道围绕太阳转动，我们叫它"公转"。

　　地球公转的周期是 365 天 6 时 9 分 10 秒，这就是"一年"的由来。

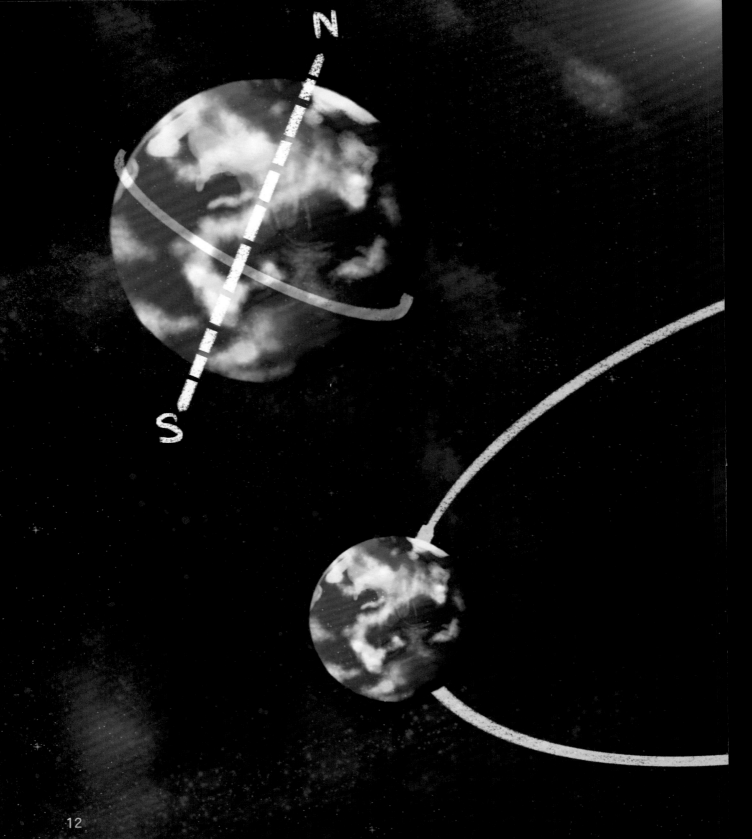

地球自转所绕的轴，称作"地轴"。由于地球自转轴倾斜，当地球绕着太阳公转的时候，阳光直射点就会上下移动，造成地球上不同的地方受到的日照能量不同，从而产生了一年四季的变化。

— 航 天 知 识 卡 —

地球公转的轨道面叫作"黄道面"，而地球自转时垂直于地轴的面叫作"赤道面"。这两个面之间有一个夹角，我们把这个角度称作"黄赤交角"，度数是 23°26′。地球公转和黄赤交角的存在产生了一年四季和昼夜长短变化。

月球是地球的小跟班，天天围着地球转。

月球的体积比地球小多了，需要 49 个月球才有一个地球那么大！

之前我们了解了探月工程，现在就让我们上月球去看看吧！

出发！

玉兔的悄悄话

月球是地球唯一的天然卫星，它们组成了一个天体系统，叫"地月系"。

这里就是月球表面了。

月球自己是不发光的，我们之所以能看见"月亮"，因为它反射了太阳的光。

月球上到处都是灰色和黑色的土壤，而且非常黏稠，有点像被抽干了水的池塘。

它不像地球一样有大气层的保护，所以很容易被宇宙中的其他天体直接击中。

　　那些坑坑洞洞就是被天体撞击后留下来的痕迹，我们叫它"陨石坑"。

奇怪，月球上面怎么会有脚印？这是谁留下的脚印呀？

大家还记得美国的宇航员阿姆斯特朗吗？这就是他在1969年7月21日（北京时间）成功登月时留下的——月球上第一个人类的脚印。

这是因为啊，月球的环境比较平稳，不像地球会刮风下雨，所以脚印会一直被保留下来。

玉兔的悄悄话

玉兔听说过一个"天狗食月"的传说。"有一天夜空上的月亮突然不见了，原来是有一只巨大的天狗把月亮吞了下去。人们发现了后就敲锣打鼓放鞭炮去驱赶天狗，天狗感到害怕，终于把月亮吐回来还给了夜空。"玉兔想，这应该是古代人们尝试解释奇特的"月食"现象时所发挥的想象吧！

当地球、月球和太阳的位置在一条直线上的时候，就会发生"日食"或"月食"的特殊天文现象。当地球运动到太阳和月球之间，月球被地球遮挡，就形成了月食。当月球运动到地球和太阳之间，太阳被月球遮挡，就形成了日食。

月球是我们在天文学和航天时用的称呼，但回到生活中，我们更喜欢亲切地叫它月亮。

月亮有时圆圆的像个盘，有时又弯弯的像艘船。

这是为什么呢？

因为不只有地球会自转和公转，月球也会哦！

月球围绕地球公转，地球又围绕太阳公转，它们的位置一直都在变化。当我们看到月亮是弯的时候，就代表地球正在月球和太阳之间，地球挡住了一部分本来要照亮月球的太阳光。当地球没有挡住任何太阳光时，月球就会被整个照亮，像个圆圆的大盘一样了！

如果有一天月球不见了，地球会发生什么变化呢？

可不只是少了中秋节和月饼那么简单！

月球虽然跟地球距离很遥远，但它对地球的影响可是很大的。

其中最主要的影响就是"潮汐"了。

太阳的体积非常大，约等于 100 万个地球。

我们在地球上看到的太阳和月球，感觉差不多一样大，对吧？

这是一个美妙的巧合！

太阳的直径是月球的 395 倍，而日地距离又刚好是地月距离的 395 倍！

潮汐是指地球在其他天体的引力作用下，海平面有规律地涨落。

如果月球不见了，地球上的潮汐会大规模减小，这会使地球的生态平衡被打破，造成许多生物灭亡。

玉兔的悄悄话

这么看来，月球被叫作"卫星"，确实是在保卫着地球呀！

23

我们没有办法用肉眼直视太阳，需要借助天文仪器。

在对太阳进行观察时科学家发现，太阳表面的亮度一直在发生局部的变化。

我们在地球上看到的太阳又亮又热，像一颗一直在燃烧的火球。准确来说，太阳并不是在燃烧，而是在进行"核聚变"。

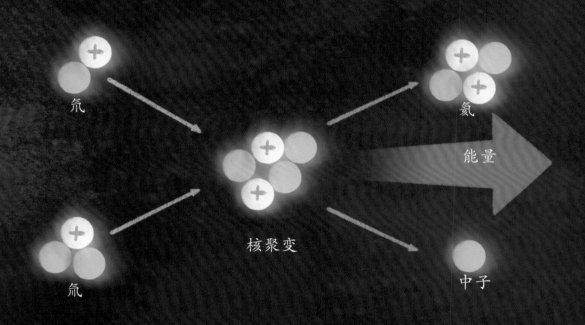

核聚变是什么呢？

简单地说，太阳是由氢元素构成，在太阳内核，由于高压力和高温环境，原子相互组合，通过聚变反应，转化为氦原子，这个过程会释放巨大的光和热，这就是太阳看起来像个大火球的原因。

那些突然闪耀的斑块，我们把它们叫作"耀斑"。

耀斑的出现会让太阳的亮度迅速上升，对于太阳表面来说，

那就是一次惊天动地的大爆炸。

你知道太阳是什么颜色的吗？

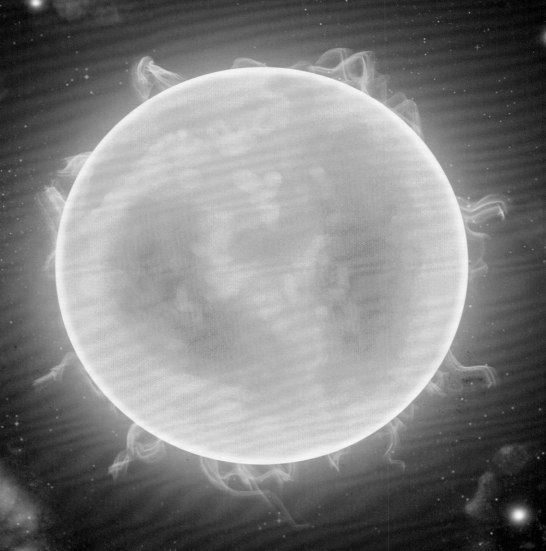

如果从地球上看，答案可能是黄色、橘色，也可能是红色。

这是因为太阳光在到达我们身边之前，需要先经过大气层，在这个过程中颜色会发生变化。

如果我们在太空里看太阳，那太阳就会是白色的。

这才是太阳真实的颜色。

—航天知识卡—

科学家们发现气压、气温、雨量、气旋和风暴等气象以及洪水、疾病、地震等灾害，都和太阳的活动密切相关。

针对太阳的活动，中国有一个"夸父计划"。

夸父计划是中国第一个太阳监测卫星计划。它由三颗卫星组成，用来全天候监测太阳的活动以及太阳活动对地球环境产生的影响。

夸父计划将帮助科学家对太阳活动引起的灾害进行预测和预报，及时采取相应的防护措施。

玉兔的悄悄话

玉兔听说过一个"夸父追日"的神话故事。讲的是夸父为了追赶太阳，渴极了，喝了黄河、渭河的水还不够，又去别的地方找水，最后在半路上渴死了。"夸父计划"的命名就是来自这个故事吧。

 原来地球不是一个球形呀!

因为习惯和方便，我们还是会把地球形容为一个"球体"，只是我们现在也都知道了，它其实不是一个标准的圆球。

 是的，学习知识的过程，是一步一步慢慢叠加的，所以常常会先把一些复杂的真实情况简单化，让它比较容易被吸收，然后再进一步认识。

难怪人们总说学习是"不进则退"，要"活到老学到老"。

 我想那就是在告诉我们一定要坚持探索，保持不断学习新知识的态度，才能完善我们的认知，越来越靠近真理。

看来几趟旅程下来，你们都有所进步，真是令人高兴啊！那么接下来，让我考一考你们，我们这就进入今天的快问快答小游戏吧！

1. 太阳和月球哪个比较大?

2. 打雷和下雨发生在大气层中的哪一层?

3. 太阳真正的颜色是?

4. 月球对地球最大的影响是什么?

5. 是月球的什么运动,让我们的月亮看起来有时圆,有时弯呢?

恭喜你又收获一枚勋章!记得我们的下一趟旅程,更多有趣和好玩的东西在等着我们去探索哦!

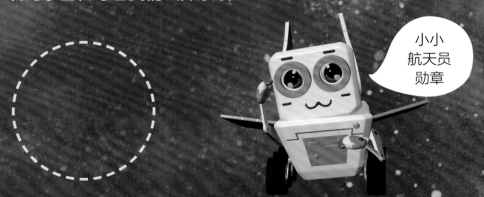

小小
航天员
勋章

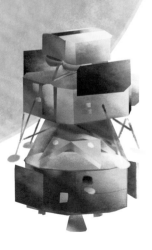

图书在版编目（CIP）数据

太阳上的大爆炸 /《我们的星辰大海》编委会编著
. -- 北京：中信出版社, 2021.3
　（我们的星辰大海）
　ISBN 978-7-5217-2702-9

　Ⅰ.①太… Ⅱ.①我… Ⅲ.①太阳系—儿童读物
Ⅳ.①P18-49

　中国版本图书馆CIP数据核字(2021)第016891号

太阳上的大爆炸

编　　著：《我们的星辰大海》编委会
出版发行：中信出版集团股份有限公司
　　　　　（北京市朝阳区惠新东街甲4号富盛大厦2座　邮编　100029）
承 印 者：北京尚唐印刷包装有限公司

开　　本：889mm×1194mm　1/16　　　印　　张：22.25　　字　　数：30千字
版　　次：2021 年 3 月第 1 版　　　　印　　次：2021 年 3 月第 1 次印刷
书　　号：ISBN 978-7-5217-2702-9
定　　价：258.00 元（全9册）

图书策划 中信出版·文艺分社
策划编辑 李静媛 肖诗雅
责任编辑 肖诗雅
营销编辑 张小光
装帧设计 王　悦

出版发行 中信出版集团股份有限公司
服务热线：400-600-8099 网上订购：zxcbs.tmall.com
官方微博：weibo.com/citicpub 官方微信：中信出版集团
官方网站：www.press.citic

去月球挖土啦！

《我们的星辰大海》编委会 编著

中信出版集团 | 北京

口头禅：**这个我知道！**
标志动作：**帅气地抖搂披风**

大家好，我是胖达，对宇宙中的一切都能如数家珍，常常热心地给小朋友介绍宇宙中的新鲜事物。我可是追梦空间站里最受欢迎的航天员哦！

口头禅：**"东有启明，谓之太白"**（吟诗作对）
标志动作：**慢悠悠地捋胡须**

大家好，我是太白爷爷，我可以随意变成球状，旋转着滚动，但我更喜欢用腿，我的头部是 72 面体，每一片方块都记载着宇宙的一个秘密。

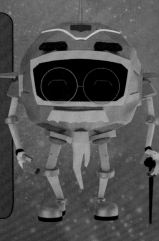

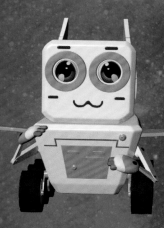

口头禅：**小朋友们今天的旅程开心吗？快和我们一起来打卡吧！**
标志动作：**用轮子在地上跑来跑去（左边去一下，右边去一下）**

大家好，我是脚踩六轮的玉兔。我的肚子里还藏着很多秘密武器哦。我能像变形金刚一样自由切换形状，能安全地带领小朋友们在月球上游玩。

这里是一座飘浮在太空的城堡，人们都叫它**"追梦空间站"**。

在这里，梦想探索太空的小伙伴们会组成"追梦航天队"，每天开启新的旅程，向神秘的星辰大海出发，去冒险和探索。

每趟旅程结束时，我们还会一起玩一个有趣的小游戏。只要成功完成快问快答小游戏，就能获得一个"小小航天员勋章"哦！

上期旅程，我们了解了航天科技给我们的日常生活带来的变化，见识了各种功能强大的人造卫星，引发了我们对人类未来生活的许多想象。这一次旅程，我们将继续展开新的探索：

- 实现"嫦娥奔月"；
- 发现月球和地球的关系；
- 难得一见的月球背面；
- 打破世界纪录的"玉兔二号"；
- 去探测火星；
- 找寻人类的第二个家。

自古以来，人们对月球充满了兴趣和幻想，希望有一天能跟它互动，有人叫它"月亮婆婆"，诗人们把它当作好朋友。

　　我国神话故事里，还有嫦娥吃了仙药飞上月球，住进了月宫的传说。

　　月球上到底有没有嫦娥、月宫和一只叫"玉兔"的小兔子，你是不是也很想知道呢？

人类为什么要探月呢？

除了好奇月球的真面目，对科学家来说，探月还可以解开地球的形成、人类的起源、地球以外是否存在其他生命等问题。

科学家们也预测月球上有丰富的矿产，如果人类可以探测出来并好好开发利用，那将能解决地球资源不足的问题！

— 航天知识卡 —

月球上几乎没有大气和地质活动，月球岩石保存了古老的模样，所以研究月球岩石相当于研究地球很久很久以前的标本。通过研究月球，我们就可以了解许多地球的早期信息，然后更进一步地认识生命、地球、太阳系，甚至是整个宇宙起源和演化的历史。

2004年，中国正式开展了月球探测工程。这个工程有一个特别好听的名字，叫作"嫦娥工程"。

嫦娥工程的名字来源于嫦娥奔月的故事哦！

中国已经成功在月球上登陆了三架航天器，分别是 2013 年的嫦娥三号，2019 年的嫦娥四号，2020 年的嫦娥五号。

探月不是一件简单的事情，需要好好计划和科技支持。

我国的探月计划，可以分为三个阶段，那就是"绕""落""回"。

千万不要小看这简单的三个字，那可是中国航天人通过十多年的努力，才将它们全部实现的！

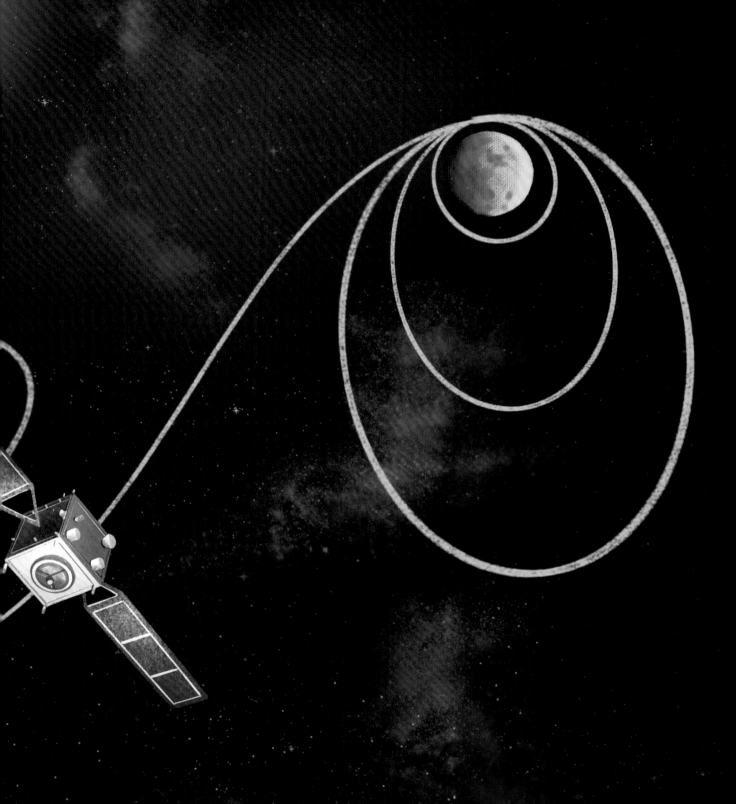

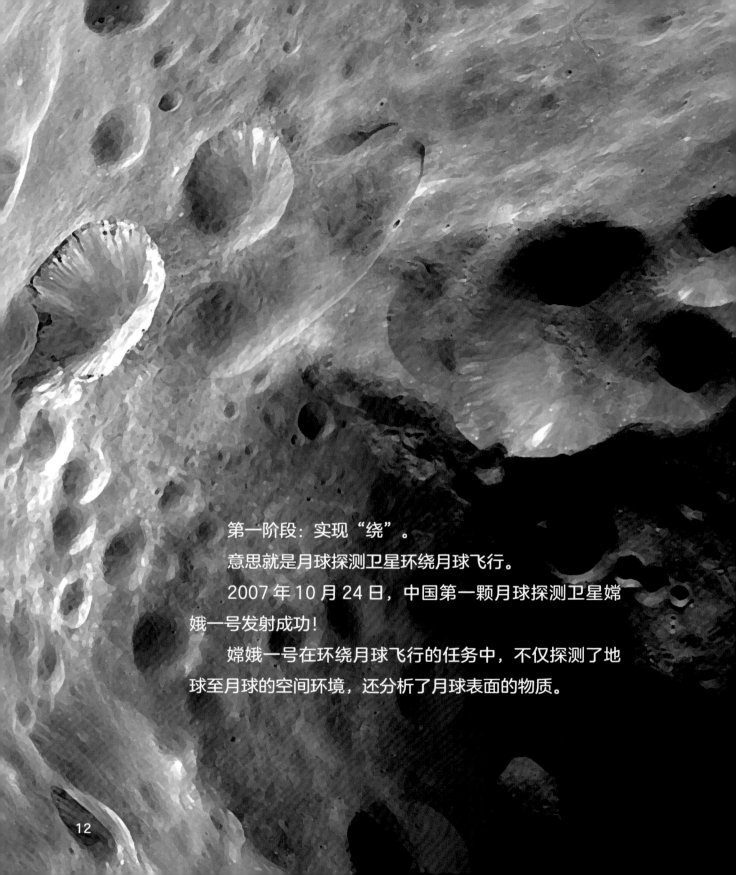

第一阶段：实现"绕"。

意思就是月球探测卫星环绕月球飞行。

2007 年 10 月 24 日，中国第一颗月球探测卫星嫦娥一号发射成功！

嫦娥一号在环绕月球飞行的任务中，不仅探测了地球至月球的空间环境，还分析了月球表面的物质。

2010 年 10 月，嫦娥二号发射成功！它的主要任务是获得更清晰和更详细的月球表面数据。

第二阶段：实现"落"。

意思就是探测器在月球上落地。

2013年12月2日，嫦娥三号成功被长征三号乙运载火箭送上了太空，并在12月14日成功软着陆月球。

— 航天知识卡 —

"软着陆"是指航天器经专门减速装置减速后安全着陆的方式。航天器未经减速装置减速，而以较快的速度直接冲撞着陆的方式称作"硬着陆"。

嫦娥三号还带了一个巡视器，是在月球表面到处巡视的小车。我们给它取一个可爱又有趣的名字，叫作"玉兔号"。

在它们之后，月球又迎来了新的客人，那就是嫦娥四号和它带来的玉兔二号。

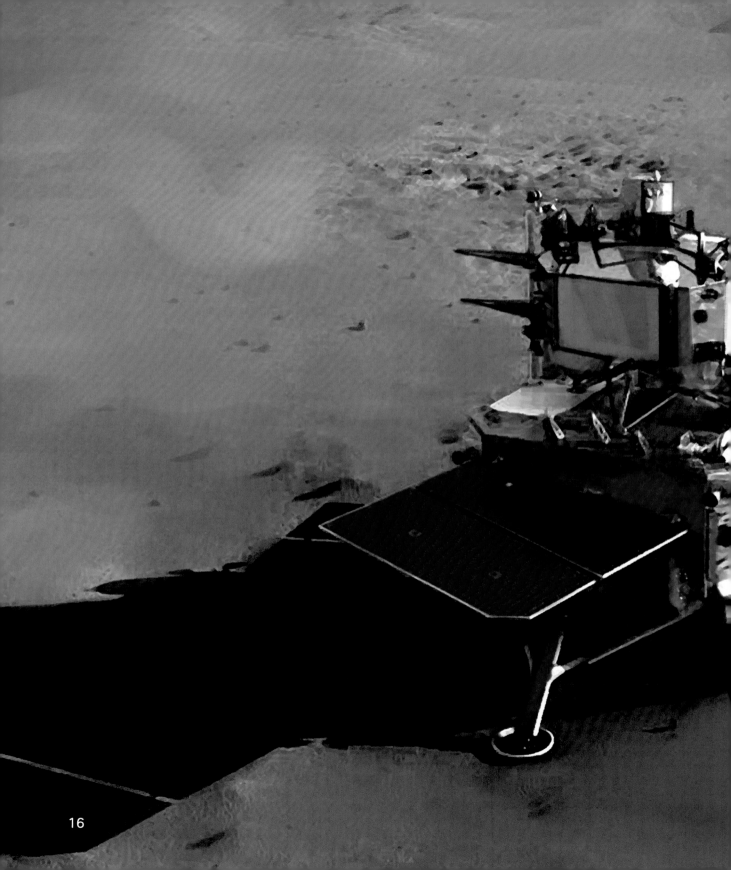

第三阶段：实现"回"。

意思就是探测器在月球上进行探测和采样后，再返回到地球。

2020 年中国发射的嫦娥五号探测器，首次实施月球采样返回。

中国已经完成探月工程的全部阶段，但这并不是探月工程的结束，而是另一个开始哦！

月球上的环境其实要比地球上恶劣很多：这里的白天和夜晚都特别长，月球上的一个晚上，就相当于地球上的14天；更可怕的是，这里的晚上和白天的温度相差足足有300摄氏度。

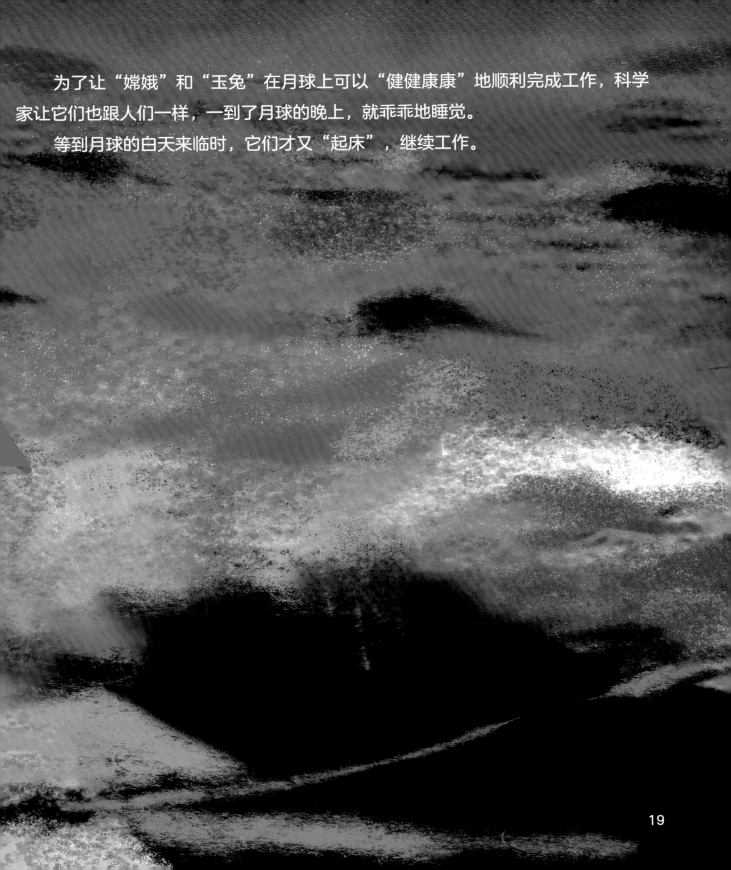

为了让"嫦娥"和"玉兔"在月球上可以"健健康康"地顺利完成工作，科学家让它们也跟人们一样，一到了月球的晚上，就乖乖地睡觉。

等到月球的白天来临时，它们才又"起床"，继续工作。

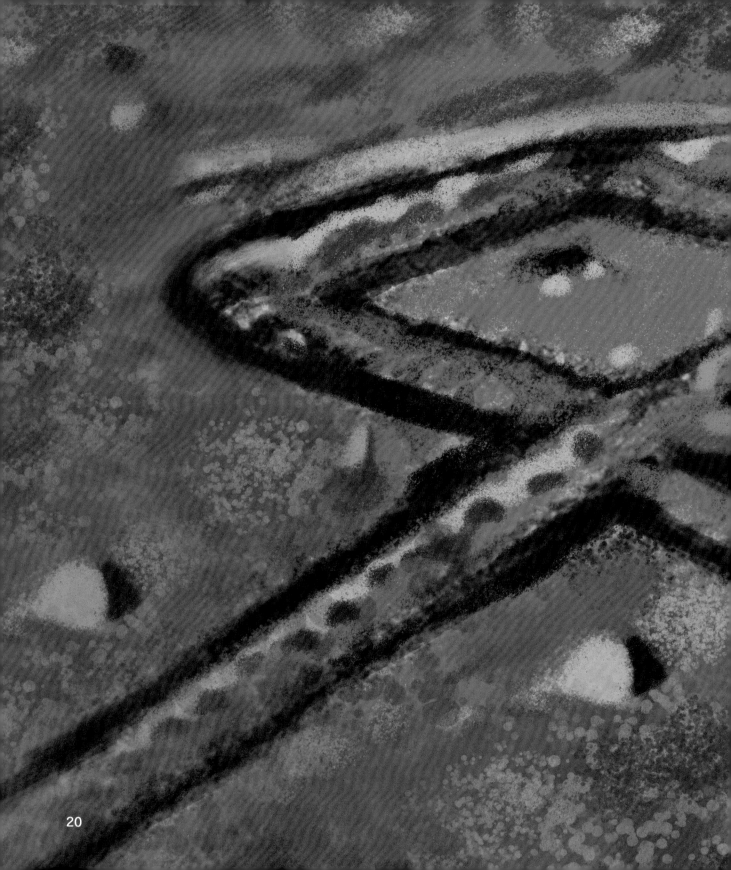

2019 年的中秋节，玉兔二号在月球的陆地上画了一个圆，并拍了照片传回地球。

大家都说那是玉兔二号送给地球人祝贺中秋的"月饼"呢！

— 航 天 知 识 卡 —

2019 年 12 月 20 日 18 时 43 分，玉兔二号打破了一项尘封 49 年之久的世界纪录，它成为了人类在月球工作时间最长的月球车！

我们一直以来看见的月亮其实是月球的正面，因为月球只用一面对着地球。为什么呢？地球和月球就好像是哑铃的两端，它们一起转动，代表月球的那一端始终以同一个面面向地球。

— 航 天 知 识 卡 —

中继卫星：属于一种通信卫星。它的任务是为卫星、飞船等航天器传输数据。

在探月的过程中，探测器只要一到达月球的背面，信号传输就会失灵。这就像我们打电话时突然没了信号，电话打不通了。

那我们怎么拍到月球背面，还把照片传回地球了呢？

这是因为我们在太空中架设了"鹊桥"中继卫星，通过信号接力的方式绕开了月球的阻挡，解决了传输信号的难题！

玉兔的悄悄话

"鹊桥"让玉兔想起了牛郎织女的浪漫故事……喜鹊帮助相隔在银河两边的牛郎织女搭桥，让他们能够相会……这个名字取得真好！

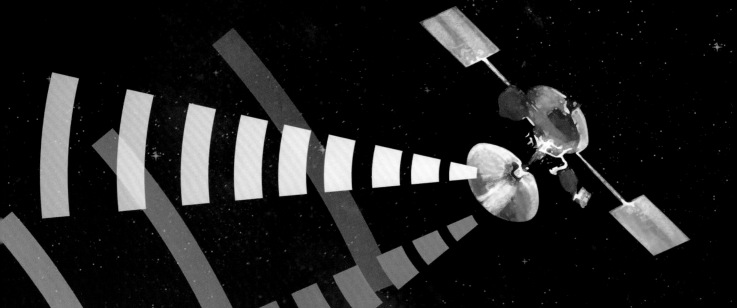

有了"鹊桥"卫星的帮助，嫦娥四号成为了首个在月球背面完成软着陆的探测器。

它的主要任务是更加全面地探测月球地质、资源等信息，完善月球的档案资料。

嫦娥五号是中国研制的第一个可以去到月球挖土，然后返回地球的航天器。

嫦娥五号带回地球的月球采样，能帮助科学家们进一步分析月球是怎么形成的。

如今，中国已成为继美国和苏联之后，第三个掌握月球采样返回技术的国家。

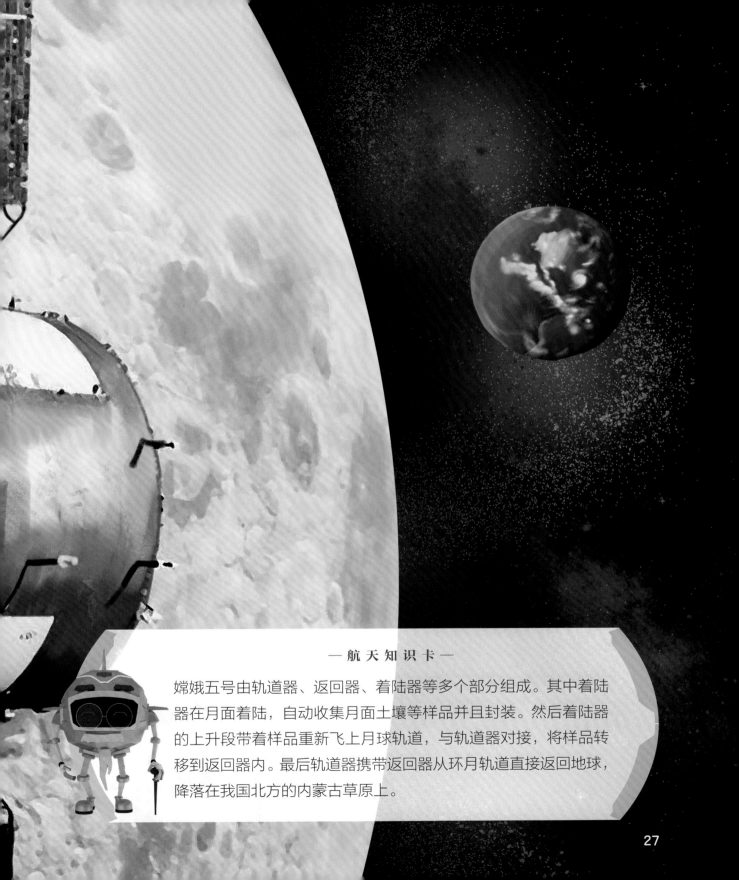

— 航天知识卡 —

嫦娥五号由轨道器、返回器、着陆器等多个部分组成。其中着陆器在月面着陆，自动收集月面土壤等样品并且封装。然后着陆器的上升段带着样品重新飞上月球轨道，与轨道器对接，将样品转移到返回器内。最后轨道器携带返回器从环月轨道直接返回地球，降落在我国北方的内蒙古草原上。

2020 年，中国航天不只进行探月任务，还展开了另一项非常重大的探测工程。

那就是，火星探测工程！

2020 年 7 月 23 日，我国首个火星探测器天问一号成功发射升空。

在这个计划里，我们要一次性完成"绕""落""巡"三大任务，也就是环绕火星、软着陆火星和在火星上巡视探测。

我们为什么要探测火星呢？

探测火星的目的和探月有些不同，主要有三个目的：

第一，为了研究火星本身，包括火星的大气层、环境等；

第二，为了探测火星上有没有生命，或从前是否有过生命；

第三，为了探讨以后是否有在火星建立人类第二个家园的可能。

你也许在想：人类为什么要在火星建立第二个家园呢？

科学家们推测以现在人类不断浪费资源和破坏环境的速度来看，地球将来可能没办法供我们继续生活。

而火星是一颗与地球有些相似的行星，或许会成为未来人类可移居的星球。

火星和地球有哪些相似的地方呢？

火星自转一周是 24 时 37 分 22.6 秒，只比地球自传的时间稍微长一点。

在公转上，火星的一年约等于地球的两年。

最重要的是，火星和地球一样有明显的四季变化。

这些都满足了人类移住的条件呢！

玉兔的悄悄话

如果人类继续破坏环境，有一天我们真的有可能会失去家园、失去地球的！

但火星和地球也是有差异较大的地方。

火星的大气稀薄，表面荒凉，这就不能保存热量，导致火星上的温度非常低，大多数时候都在 0 摄氏度以下，夜间温度还会下降到零下 123 摄氏度。

人类在这种恶劣的环境下是无法生存的。

所以，如果要在火星上建立新的家园，还需要很长时间的研究和探讨呢。

— 航 天 知 识 卡 —

大家觉得，是火星比较大，还是地球比较大呢？答案是地球比较大。六个火星加起来，才有一个地球那么大。

玉兔，这次的探索好像跟你息息相关呀？

是呀，去到月球我就好像回家一样。

你认识玉兔号和玉兔二号吗？

当然！它们可是我们玉兔家族的骄傲呢！

哈哈，你们也不要忘了我们今天还探索了火星哦，未来，人类可是有一定的概率会搬迁到火星上呢！

我觉得把火星也变成了适合人类居住的地方那当然好，但要是人类移居火星，是因为把地球的环境搞砸了，那就不太好了！

胖达说得没错！所以我们要好好爱护地球，环保工作要从个人做起，不浪费资源也不破坏环境。接下来，我们就要进入今天的快问快答小游戏咯。

1. 人们为什么要了解月球?

2. 我国探测月球的工程有个好听的名字,叫作什么?

3. 玉兔二号打破的是什么世界纪录?

4. 能够把月球上的土壤带回地球的是嫦娥几号呢?

5. 人类的"第二个家园"有可能是哪里?

恭喜你又收获一枚勋章!记得我们的下一趟旅程,更多有趣和好玩的东西在等着我们去探索哦!

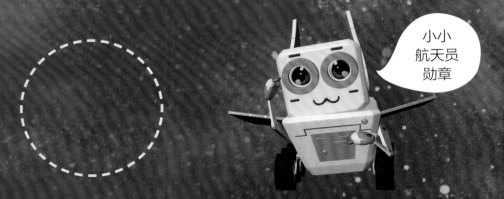

小小
航天员
勋章

- 特别鸣谢 -

黄瑞松　刘永才　欧阳自远　高凤林

杨宇光　左莉华　胡志勇　熊亮　郑永春

胡国英　朱进　于飞　李硕　武铠　周珩

张亦驰　王旭　刘登锐　陈奕光

-《我们的星辰大海》编委会 -

蔡怀军　郑华平　梁德平　杨喜卿

周山　方菲　张志红　吴梦知

- 特约策划 -

张晓雪　王娟

- 特约改编 -

颜文赋

- 特邀审订 -

王君毅　边辑　王爽　郑贵来

詹齐越　江南　茉莉　白翔

图书在版编目（CIP）数据

去月球挖土啦！/《我们的星辰大海》编委会编著
. -- 北京 : 中信出版社, 2021.3
（我们的星辰大海）
ISBN 978-7-5217-2702-9

Ⅰ. ①去… Ⅱ. ①我… Ⅲ. ①月球探索—儿童读物②
火星探测—儿童读物 Ⅳ. ①V1-49②P185.3-49

中国版本图书馆CIP数据核字(2021)第015983号

去月球挖土啦！

编　　著：《我们的星辰大海》编委会
出版发行 中信出版集团股份有限公司
　　　　（北京市朝阳区惠新东街甲4号富盛大厦2座　邮编　100029）
承 印 者：北京尚唐印刷包装有限公司

开　　本：889mm×1194mm　1/16　　印　　张：22.25　　字　　数：30千字
版　　次：2021 年 3 月第 1 版　　印　　次：2021 年 3 月第 1 次印刷
书　　号：ISBN 978-7-5217-2702-9
定　　价：258.00 元（全9册）

图书策划 中信出版·文艺分社
策划编辑 李静媛 肖诗雅
责任编辑 肖诗雅
营销编辑 张小光
装帧设计 王　悦

出版发行 中信出版集团股份有限公司
服务热线：400-600-8099 网上订购：zxcbs.tmall.com
官方微博：weibo.com/citicpub 官方微信：中信出版集团
官方网站：www.press.citic

吃掉一切的黑洞

《我们的星辰大海》编委会　编著

中信出版集团｜北京

口头禅：**这个我知道！**

标志动作：**帅气地抖搂披风**

大家好，我是胖达，对宇宙中的一切都能如数家珍，常常热心地给小朋友介绍宇宙中的新鲜事物。我可是追梦空间站里最受欢迎的航天员哦！

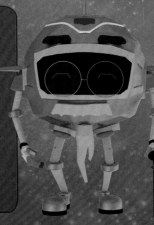

口头禅：**"东有启明，谓之太白"（吟诗作对）**

标志动作：**慢悠悠地捋胡须**

大家好，我是太白爷爷，我可以随意变成球状，旋转着滚动，但我更喜欢用腿，我的头部是 72 面体，每一片方块都记载着宇宙的一个秘密。

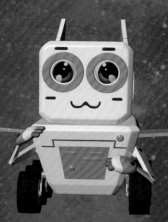

口头禅：**小朋友们今天的旅程开心吗？快和我们一起来打卡吧！**

标志动作：**用轮子在地上跑来跑去（左边去一下，右边去一下）**

大家好，我是脚踩六轮的玉兔。我的肚子里还藏着很多秘密武器哦。我能像变形金刚一样自由切换形状，能安全地带领小朋友们在月球上游玩。

这里是一座飘浮在太空的城堡，人们都叫它**"追梦空间站"**。

在这里，梦想探索太空的小伙伴们会组成"追梦航天队"，每天开启新的旅程，向神秘的星辰大海出发，去冒险和探索。

每趟旅程结束时，我们还会一起玩一个有趣的小游戏。只要成功完成快问快答小游戏，就能获得一个"小小航天员勋章"哦！

上期旅程，我们发现了地球、月球和太阳的真面目，了解了它们的运动对地球和人类的影响。这次，我们将继续展开新的探索：

- 太阳系的行星成员；
- 流星和彗星；
- 宇宙的诞生；
- 银河系；
- 可以吞下一切的黑洞。

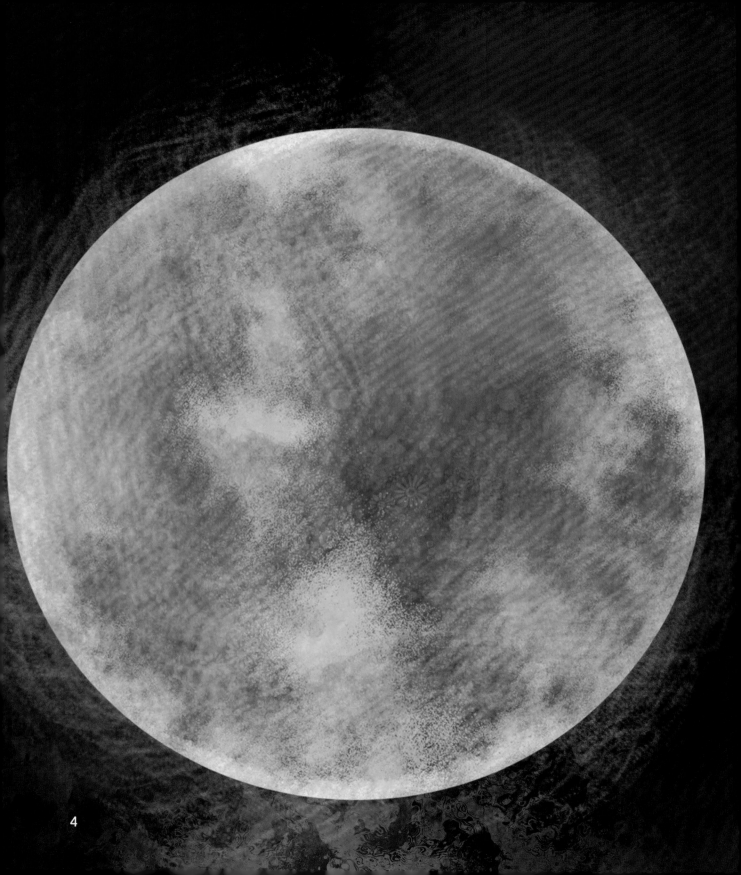

太阳是太阳系的中心，其他星体都围绕着太阳公转，太阳和这些星体一起共同组成了太阳系。

　　其中有八个比较大的星体，叫作"八大行星"。它们分别是水星、金星、地球、火星、木星、土星、天王星、海王星。

说一件有意思的事情，曾经人们还以为太阳系有"九大行星"！

1930 到 2006 年间，冥王星一直被认为是行星家族里的一员。但科学家经过反复的研究和测算后，发现冥王星并不能达到行星的标准，所以就把它排除出去了。

但这并不让人觉得难过，因为每种星体都有自己的家族，冥王星目前被划分进矮行星家族。

玉兔的悄悄话

随着科学家对宇宙认识的增加，会发现一些原先错误的观念，这时候就要及时修正它，使我们的探索更接近真理。我们在学习时也要像科学家一样，不断追求真理哦！

小朋友们听说过扫把星吗？

这是宇宙中另一种有趣的星体，它的真正名字叫作彗星。

彗星是由冰、尘埃和小岩石构成的。它就像一个烤煳了的土豆，表皮皱巴巴，又脏又黑。但当它运转靠近太阳的时候，表面的冰会因为太阳光照射而开始冒出许多气体，看起来就像是拖了一条彩光的尾巴。

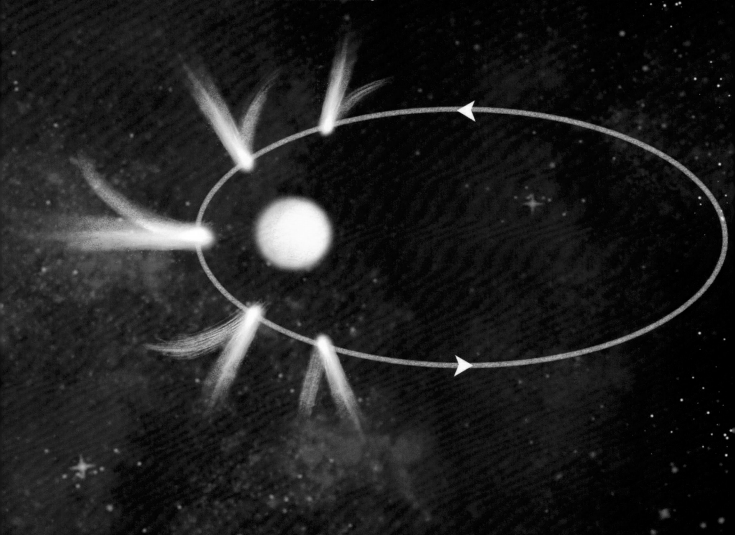

太阳系里最有名的彗星，就是哈雷彗星了！

我们什么时候才能看见它呢？

哈雷彗星绕太阳运转的周期是 76 年，算起来下一次见到它会是在 2061 年哦！

— 航 天 知 识 卡 —

太阳系里的彗星有很多，但因为有的太小，有的周期太长，大部分的彗星都很难被人类用肉眼看见。哈雷彗星是唯一能被人们用肉眼观察到的短周期彗星。

你见过流星吗？

你想知道流星是怎么来的吗？

宇宙中有许多飘浮着的"石头"，这种石头叫作流星体。当它飞入地球大气层时会跟大气摩擦产生光和热，产生一束光，这就是我们所看到的流星了。

大部分的流星在掉落过程中就已经燃烧完了，只有少部分会掉到地面，成为陨石。

告诉大家一个秘密，流星每天都会有，但因为天气和地理位置等原因，我们并不能常常看见它。所以看到流星还是非常幸运的一件事哦！

宇宙很大，天地间所有的一切，行星、恒星、星系以及它们之间的空间，甚至连时间也属于宇宙的一部分。

你想过宇宙是怎么产生的吗？

大部分的天文学家认为，宇宙是在大约 137 亿年前发生的一次大爆炸中形成的。

大爆炸产生了许多粒子，在巨大的能量下，这些粒子向周围散去。宇宙空间就跟着不断膨胀，温度也慢慢下降。这些粒子在温度下降后彼此抱在一起，形成星云。这些星云再进一步形成各种各样的恒星和星系，最终就演变成我们今天看到的宇宙。

那么，大爆炸又是如何发生的呢？

有一种说法是，宇宙内的所有物质和能量都聚集到了一起，并浓缩成很小的体积，产生了巨大的压力，终于砰的一声，发生了大爆炸。

没有人知道宇宙到底有多大，也没有人知道它的起点和终点在哪里。

不过，科学研究认为宇宙有特定的形状，可分为封闭状、开放状和平坦状。

有人想象宇宙大爆炸的样子，有可能就像慢动作烟花绽放一样美丽！

15

宇宙中至少存在 1000 亿个星系，它们相互环抱组成大大小小的星系集团。

集团里的星系也有大有小，因所包含的恒星数量不同，被分为"大星系"和"矮星系"。

—— 航 天 知 识 卡 ——

矮星系是由数十亿颗恒星组成的一种比较小的星系，比我们有着 2000 亿至 4000 亿颗恒星的银河系小了许多。这些矮星系多数都环绕着大星系运转。

星系按形状不同又可以分为：旋涡星系、椭圆星系、棒旋星系和不规则星系。

17

本星系群是由银河系、仙女星系、三角星系和其他矮星系组成的一个星系集团，共有 50 多个星系。

　　银河系和仙女星系是本星系群成员中最大的两个星系。

　　矮星系的数量要比大星系多得多，不过慢慢地它们会被周围的大星系吞并。星系的合并也可以看作是星系的成长哦。

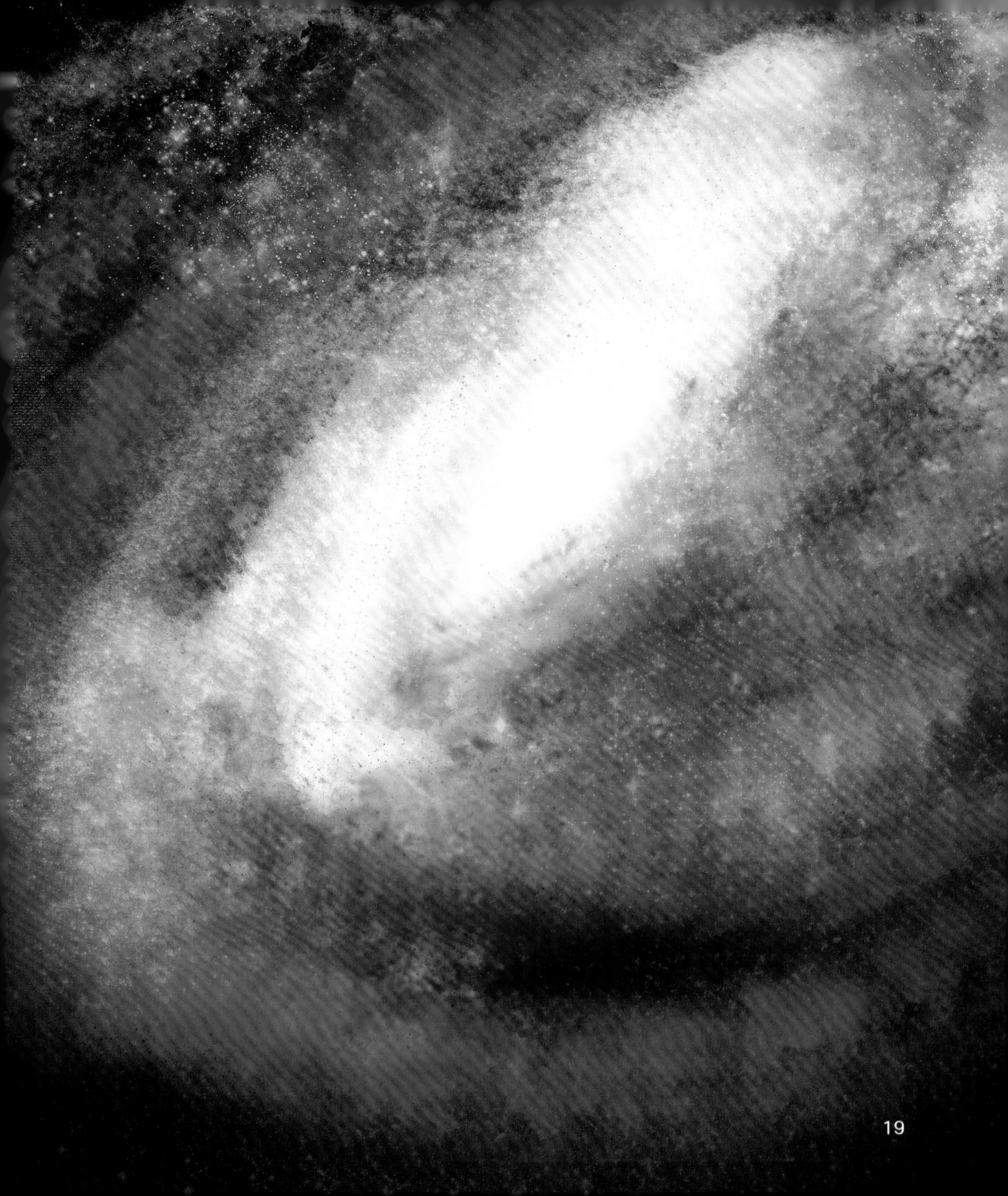

大家看一看，以形状来说，
银河系像是哪种类型的星系呢？

1. 旋涡星系

2. 椭圆星系

3. 棒旋星系

4. 不规则星系

答案是棒旋星系！它的形状就像是旋涡的中心里有一根木棒，把它撑开。

你答对了吗？

—— 航 天 知 识 卡 ——

赫歇尔是第一个发现银河系形状大小和星数的人。赫歇尔下决心要数数天上的星星，他把天空均匀分成几百个区域，然后数出每一个区域中用望远镜能看到的恒星。最后他通过计数恒星得出，银河系中恒星的分布是扁平圆盘状结构。

银河系中心是一个跨度 600 光年的神秘区域。
虽然这里只是银河系空间很小的一部分，但它包
含了整个星系 1/10 的气体以及数以亿计的恒星。

银河系的中心十分明亮，这是因为那里
分布的恒星比其他地方多，而且都特别大。
有的恒星还比我们的太阳更亮更大哦！

光年是什么意思呢？

看上去像是说时间的，但其实它是一个有趣的长度单位哦！

简单来说，光年是指光在宇宙中沿着直线"跑"了一年时间所经过的距离，被用来表示宇宙中星体间的距离。

那 1 光年究竟有多少米呢？

我们一起来算算看吧！

光速是每秒 30 万千米，一年是 365 天，那么 1 光年就是 9.46 万亿千米！相当于在地球和太阳之间，来回往返 31 533 次啊！

— 航 天 知 识 卡 —

宇宙中星体间的距离非常大，如果用常见的千米为单位的话，会非常麻烦。所以发明光年这个单位，是为了方便计量。

银河系是一个巨大的星系，它在膨胀的同时也在吞噬别的小星系，
不过当它遇到一个比它更大的星系，也是可能被"吃"掉的。

科学家认为，约在 38 亿年后，距离地球 254 光年的仙女星系将会和我们的银河系撞上。到时它们很有可能会融合在一起，形成一个新的星系！

其实我们的银河系中心，隐藏着一个谁都不敢招惹的狠角色。

那就是黑洞！

这个黑洞位于人马座，科学家们称它为人马座 A*。

科学家们对它又敬又怕，因为它产生的能量，是其他星系中巨大黑洞的数十亿倍！

黑洞是宇宙中最奇特的天体之一。

它到底有着什么神奇的魔力呢？

黑洞是一个空间范围，它的质量非常巨大，具有非常大的吸力。进入这个范围的任何东西都会被黑洞"吞下"而消失不见，包括光！

玉兔的悄悄话

一个普通的黑洞，质量都有太阳的 3 倍呢！

2009 年，天文学家发现了一个从银河系中心向两侧展开的新结构。它向空间中延伸了数万光年，形状就像一对巨型气泡。

因为是用费米空间望远镜观测到的，所以给它取名费米气泡。

天文学家认为，这很可能是超大质量黑洞短时间能量爆发的结果。

虽然还不知道它是如何产生的，但天文学家相信，对费米气泡的研究，将有望揭开银河系结构和演变的深层秘密。

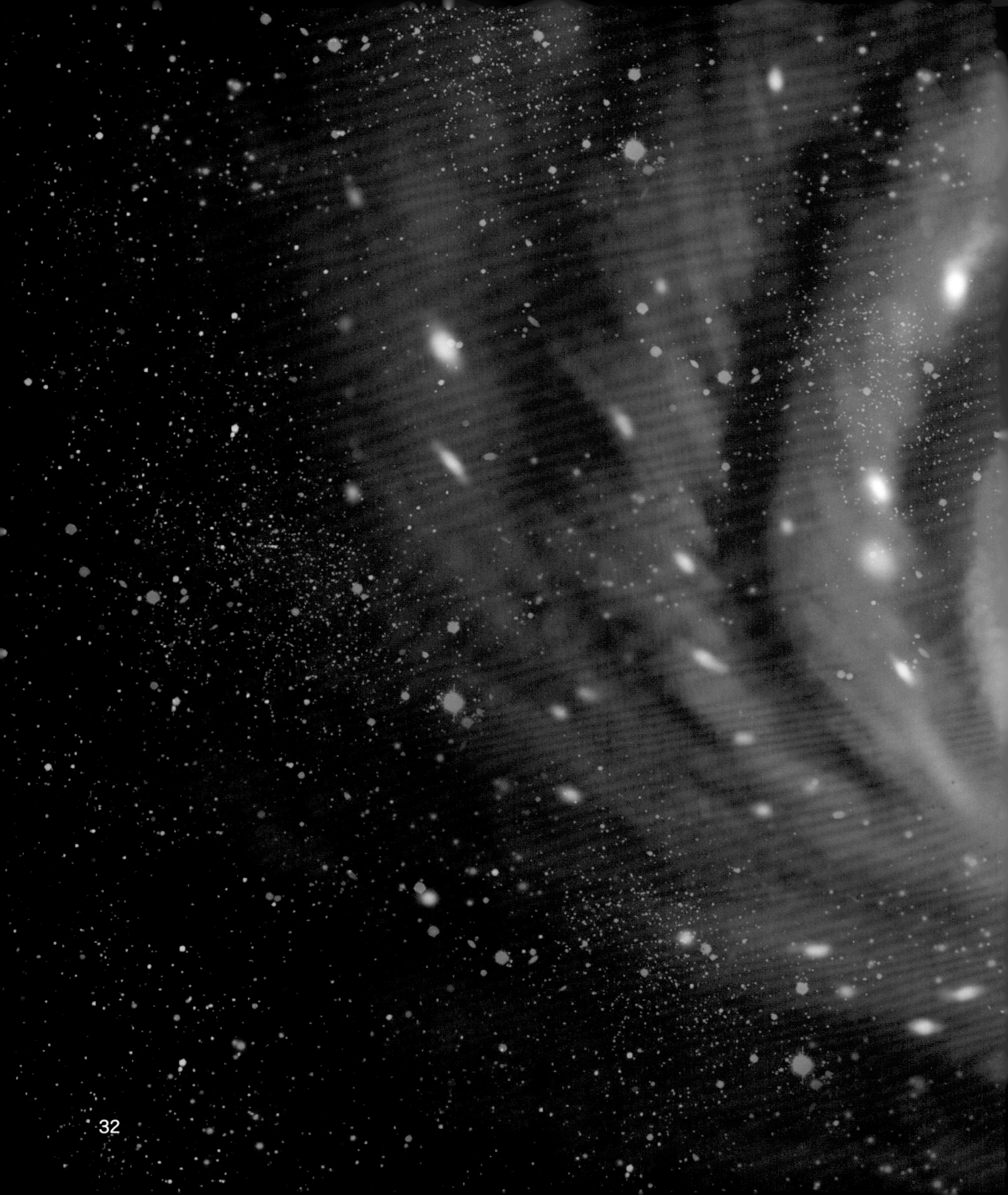

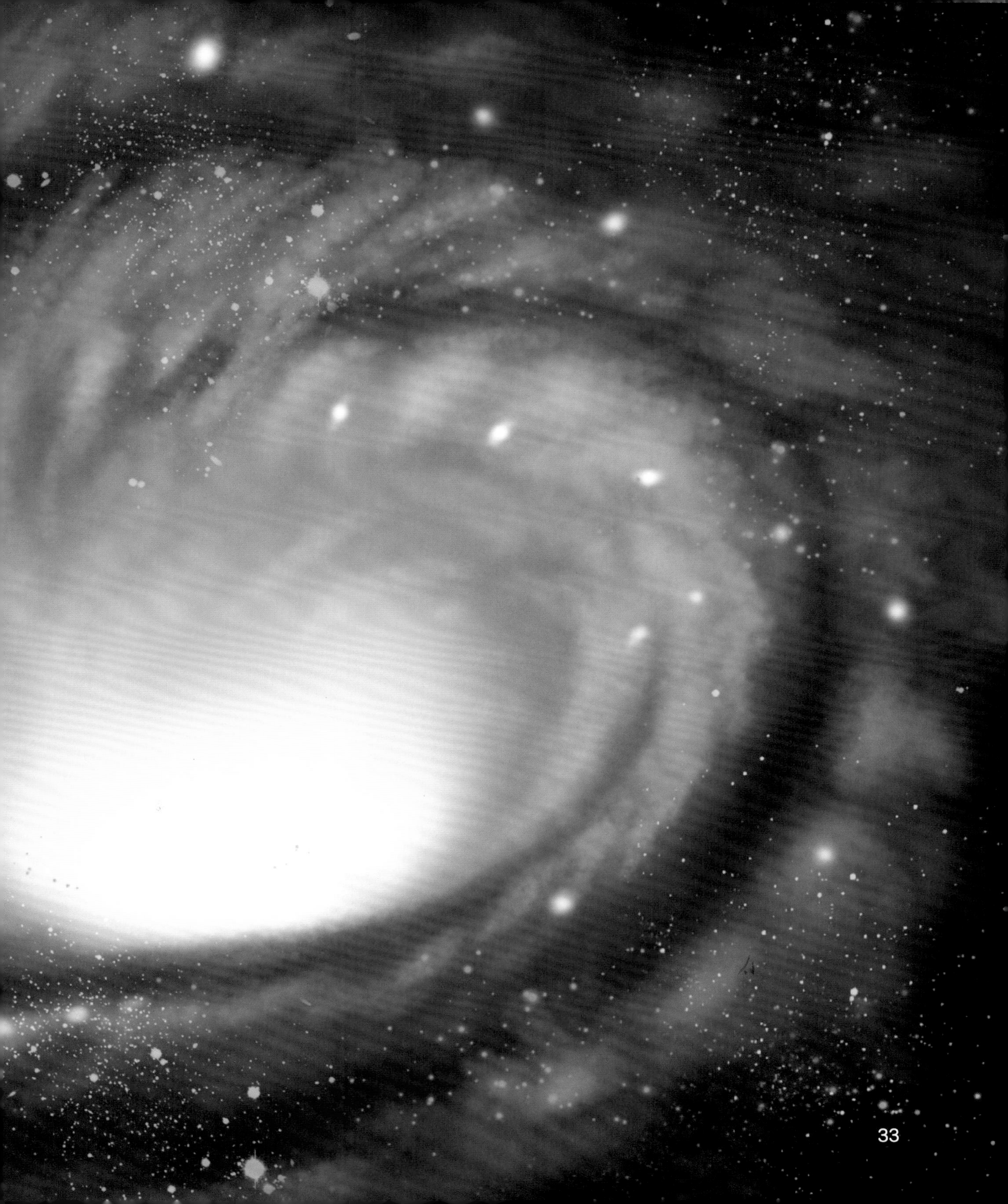

我们今天学习了好多关于宇宙的知识啊。

是的，有些我连听都没听说过呢。
但是不得不说，宇宙真的太有趣了！

嗯，有美丽的流星、梦幻的彗星、可怕的黑洞、遥远的光年……玉兔突然觉得在宇宙里，自己好渺小啊！

哈哈，是的，比起宇宙的浩瀚，人类当然是非常渺小的。即便是地球在宇宙中，也只像我们眼睛所看到的一颗细沙子。但我们可以通过学习来增广见识和心胸，做出成就和贡献，从而开拓自己，让自己变得伟大，就像我们中国的航天员一样！

嗯嗯，有些刚才没有弄明白的，
玉兔还想再温习一遍。

我也是！

温习是一个非常好的学习习惯，爷爷为你们感到骄傲。
那么我们这就赶快进入今天的快问快答小游戏吧！

1. 哈雷彗星绕太阳运转的周期是多少年？

2. 计量宇宙中星体和星体之间距离所用的单位是什么呢？

3. 银河系是哪一种星系？

4. 太阳系里有几个行星？

5. 质量非常大，可以吞下任何东西包括光线的天体是什么？

恭喜你又收获一枚勋章！记得我们的下一趟旅程，更多有趣和好玩的东西在等着我们去探索哦！

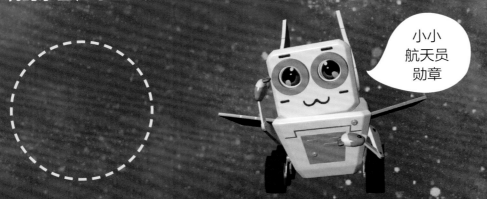

小小航天员勋章

– 特别鸣谢 –

黄瑞松　刘永才　欧阳自远　高凤林

杨宇光　左莉华　胡志勇　熊亮　郑永春

胡国英　朱进　于飞　李硕　武铠　周珩

张亦驰　王旭　刘登锐　陈奕光

–《我们的星辰大海》编委会 –

蔡怀军　郑华平　梁德平　杨喜卿

周山　方菲　张志红　吴梦知

– 特约策划 –

张晓雪　王娟

– 特约改编 –

颜文赋

– 特邀审订 –

王君毅　边辑　王爽　郑贵来

詹齐越　江南　茉莉　白翔

图书在版编目（CIP）数据

吃掉一切的黑洞/《我们的星辰大海》编委会编著
. -- 北京：中信出版社，2021.3
（我们的星辰大海）
ISBN 978-7-5217-2702-9

Ⅰ.①吃… Ⅱ.①我… Ⅲ.①宇宙—儿童读物 Ⅳ.
①P159-49

中国版本图书馆CIP数据核字(2021)第015980号

吃掉一切的黑洞

编　　著：《我们的星辰大海》编委会
出版发行：中信出版集团股份有限公司
　　　　　（北京市朝阳区惠新东街甲4号富盛大厦2座　邮编　100029）
承 印 者：北京尚唐印刷包装有限公司

开　　本：889mm×1194mm　1/16　　印　　张：22.25　　字　　数：30千字
版　　次：2021年3月第1版　　　　　印　　次：2021年3月第1次印刷
书　　号：ISBN 978-7-5217-2702-9
定　　价：258.00元（全9册）

图书策划 中信出版·文艺分社
策划编辑 李静媛 肖诗雅
责任编辑 肖诗雅
营销编辑 张小光
装帧设计 王 悦

出版发行 中信出版集团股份有限公司
服务热线：400-600-8099 网上订购：zxcbs.tmall.com
官方微博：weibo.com/citicpub 官方微信：中信出版集团
官方网站：www.press.citic

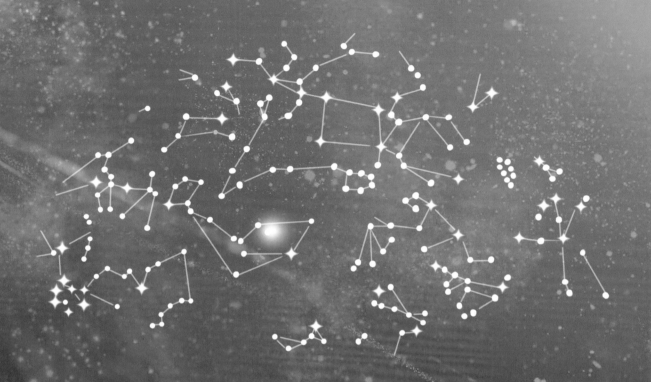

观星，太有趣了

《我们的星辰大海》编委会　编著

中信出版集团｜北京

口头禅：**这个我知道！**

标志动作：**帅气地抖搂披风**

大家好，我是胖达，对宇宙中的一切都能如数家珍，常常热心地给小朋友介绍宇宙中的新鲜事物。我可是追梦空间站里最受欢迎的航天员哦！

口头禅：**"东有启明，谓之太白"（吟诗作对）**

标志动作：**慢悠悠地捋胡须**

大家好，我是太白爷爷，我可以随意变成球状，旋转着滚动，但我更喜欢用腿，我的头部是 72 面体，每一片方块都记载着宇宙的一个秘密。

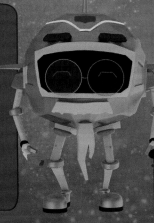

口头禅：**小朋友们今天的旅程开心吗？快和我们一起来打卡吧！**

标志动作：**用轮子在地上跑来跑去（左边去一下，右边去一下）**

大家好，我是脚踩六轮的玉兔。我的肚子里还藏着很多秘密武器哦。我能像变形金刚一样自由切换形状，能安全地带领小朋友们在月球上游玩。

这里是一座飘浮在太空的城堡，人们都叫它**"追梦空间站"**。

在这里，梦想探索太空的小伙伴们会组成"追梦航天队"，每天开启新的旅程，向神秘的星辰大海出发，去冒险和探索。

每趟旅程结束时，我们还会一起玩一个有趣的小游戏。只要成功完成快问快答小游戏，就能获得一个"小小航天员勋章"哦！

上期旅程，我们认识了宇宙中许多有趣的天体，了解了各种星系的组成，以及地球在宇宙中的位置。这次，我们将继续展开新的探索：

- 十二星座的由来；
- 占星学和天文学上的星座；
- 古人非常需要星座；
- 黄道十二宫和二十四节气；
- 指明方向的北极星和南十字座。

夜空里的点点繁星，神秘又美丽。每每仰望星空，总能让人浮想联翩。星星上有什么？星星上是不是也住着什么人……我们现在就穿越星空，去认识这些星星吧。

你们准备好了吗?

倒数计时: 3, 2, 1, 起飞! 出发!

一个人是什么星座，是看他出生的时候，太阳正运行到哪一个星座的位置。

我们一起数一数都有些什么星座吧！

白羊座、金牛座、双子座、巨蟹座、狮子座、处女座、天秤座、天蝎座、射手座、摩羯座、水瓶座、双鱼座。

一共有十二个，所以我们叫它们"十二星座"。

也就是说，黄道带上有十二个对应的星座。当地球公转时，这十二个星座就会像一个走马灯，在星空中轮转。

但这些只是占星学中的星座哦！

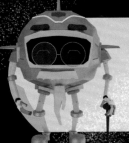

——航天知识卡——

黄道是从地球上看，太阳一年在天球上"走"过的路线。黄道两侧各8度的区域就是黄道带。

天文学中的星座与占星学中的不同。

我们先把整个天空想象成一个大球，星星都分布在球壳上，这个球就叫作"天球"。

天文学中的星座，就是一些位置相近的
恒星的组合，在天球上投影出来的形状。

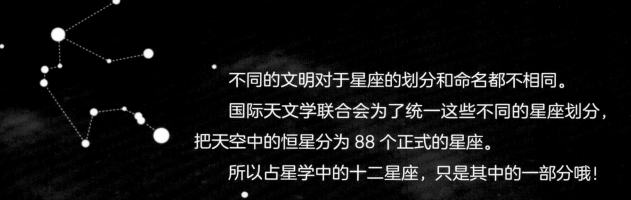

不同的文明对于星座的划分和命名都不相同。

国际天文学联合会为了统一这些不同的星座划分，把天空中的恒星分为 88 个正式的星座。

所以占星学中的十二星座，只是其中的一部分哦！

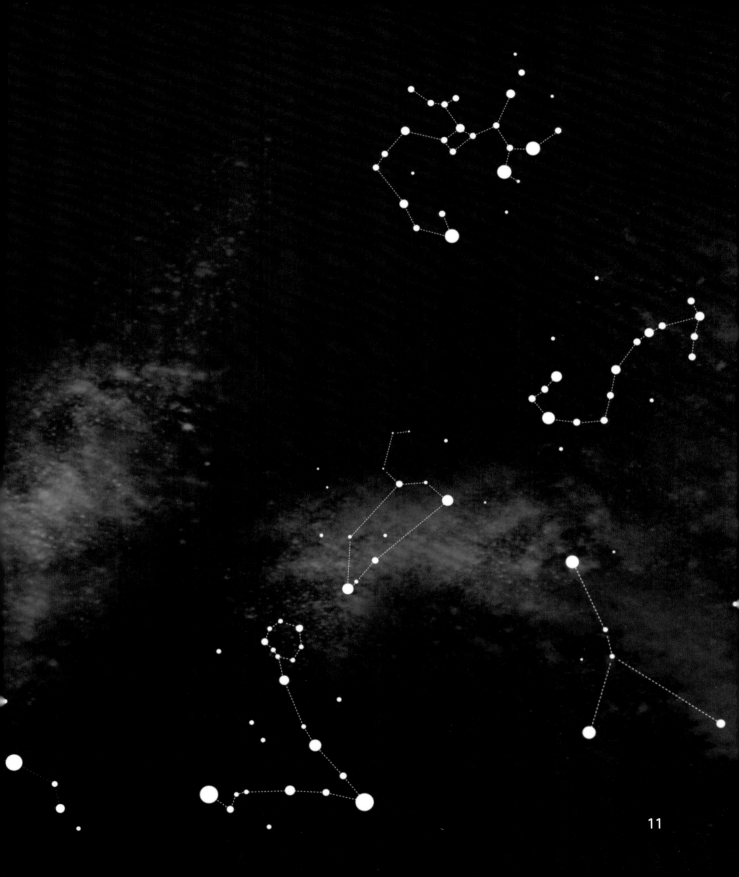

你知道吗？不同国家的人看到的星空，其实是不一样的！准确地说，是站在地球不同的位置上，看见的天球部分是不一样的。

比如生活在北半球的人，受到视觉角度的限制，没有办法看见南半球的整个星空。

同样地，生活在南半球的人，也看不见北半球星空的某些部分。

所以古代的天文学家，很长时间都以为天空上只有 48 个星座。

你是不是也发现了十二星座里老是出现动物的名字呢？

没错！

十二星座的全称叫作黄道十二星座。

黄道在希腊语中，就是动物圈的意思呀！

古代人们为了方便记忆，把星座里的恒星用"连一连"的方式，画出了形状。然后发挥想象力，将它们跟生活中和文化里常见的东西联系在了一起。

所以星座的名字，其实都是来自动物、器具，以及希腊神话中的人物哦！

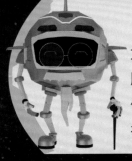

— 航天知识卡 —

大约 2000 年前，古希腊人把古巴比伦人的星座和希腊神话故事编织到了一起，创立了庞大、丰富的星座体系。到了古罗马时代继续发扬光大，把星空变成了神话传说的画卷。

2000 多年前希腊有位叫希巴克斯的天文学家，他想记录太阳在黄道上出现的位置，就把黄道带分成了十二段，每 30 度一个段，称作"宫"。

接着又以当时各宫内所包含的主要星座来给它们命名，于是就有了白羊宫、金牛宫、双子宫、巨蟹宫、狮子宫、室女宫、天秤宫、天蝎宫、人马宫、摩羯宫、宝瓶宫、双鱼宫等。

这就是"黄道十二宫"的由来了！

我们已经知道了黄道十二宫和十二星座的关系。

虽然它们的名称相对应，但本质上是有差别的。

黄道十二宫在黄道带上的宽度是一样的，都是

30 度。

十二星座在黄道带上的宽度却不一样，例如，双鱼座的宽度是 49 度，巨蟹座的宽度是 21 度。

人们为什么要发明星座呢？

这是因为在没有钟表的时代，星座能告诉人们时间。

同时星座还可以预告季节的来临。

在没有指南针和全球卫星定位系统的时代，我们需要星座来指明方向，作为大海上的路标。

所以天文学上的星座，对古人来说，是非常重要的！

21

小朋友们有没有听说过我们中国的二十四节气呢？

古代人们把一年等分成 24 份来确定节气，表示气候的变化，称为二十四节气。人们根据它来确定进行农业活动的时间。但是它有一个问题，因为不够准确，每年都需要调整。

雨水
330

立春

大寒
300

小寒

冬至
270

大雪

240

小雪

立冬

210

霜降

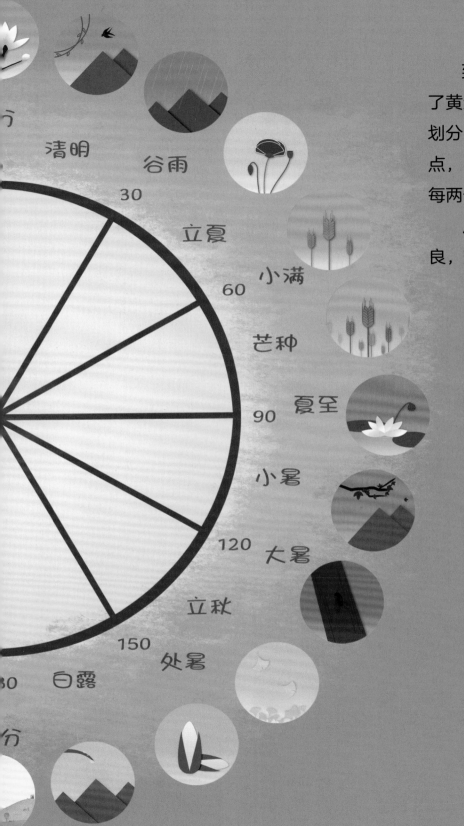

清明

谷雨

30

立夏

小满

60

芒种

夏至

90

小暑

大暑

120

立秋

150

处暑

白露

到了明末清初，人们认识了黄道十二宫，就用它来重新划分二十四节气。以春分为起点，每过 15 度为一个节气，每两个节气对应一个黄道宫。

从此二十四节气得到了改良，变得更加准确了！

大家知不知道哪颗星星经常被用来辨别方向呢？

答案揭晓，是北极星！

北极星位于小熊星座，在小熊的尾巴上，是小熊星座里最亮的一颗星。

从地球上看，北极星在天球上的位置几乎不会变化。在没有指南针之前，人们就是靠它的星光来导航的。

为什么北极星的位置不会变化呢?

这是因为啊，北极星和地球的距离远远大于地球的公转半径，所以就算北极星的位置变了，我们也发觉不到这些细微的变化。

25

北极星还有一个感人的传说。

相传在很久以前，有个少年叫杜卢珀。

他的父亲是个国王，娶了个恶毒的王妃，王妃把杜卢珀和他的妈妈一起赶出了王宫。

杜卢珀长大后，知道了只有万能的"莲花眼"可以让他和父母相聚，还能帮他惩罚恶毒的王妃。于是他历经了千辛万苦，最终找到了莲花眼。莲花眼施展法力，帮助杜卢珀实现了愿望，同时，还把他升上天空，变成了明亮的北极星。

你知道人们在南极都是靠什么定位的吗？

南极上方没有像北极星那样明亮的星星，所以航海家们一般是用南极附近的南十字座来定位的。

—— 航 天 知 识 卡 ——

南十字座位于半人马座和苍蝇座之间，是88 个星座中最小的星座。

在南十字座中，十字长臂方向上的恒星，就指向南极。我国只有南方几个省份才能看到它哦。

15 世纪时，我国著名的航海家郑和在下西洋时，就用过这个星座来导航。

视星等是人们用来形容星体亮度的标准。在地球上看起来越明亮的星体，视星等数值就越低。

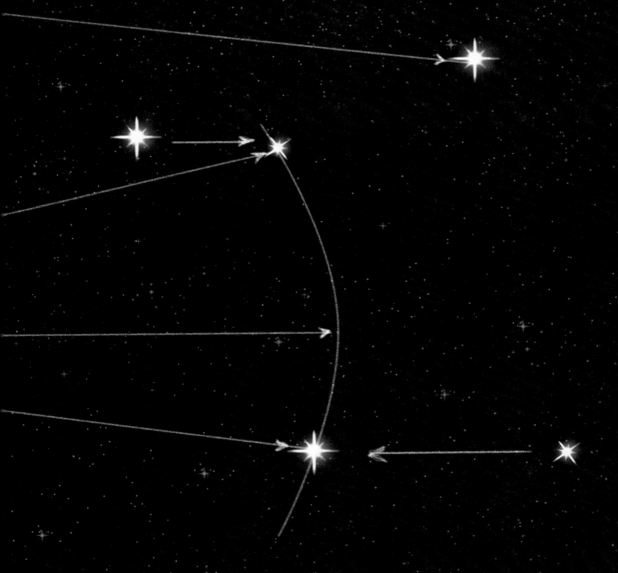

造成一颗星星亮不亮的原因，跟它和地球的距离、它本身的光度以及是否被星际尘埃遮挡等多种因素有关。

人们肉眼能够看见的最不亮的星，视星等一般在 6.5 等左右。

我们已经知道了南半球和北半球看到的星空是不一样的。

那么南半球和北半球，哪里比较适合观星呢？

答案是南半球！

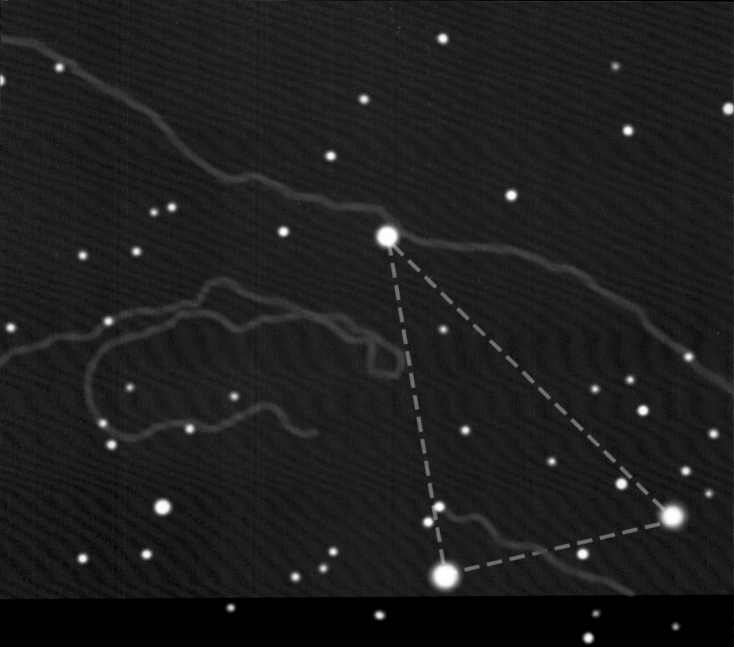

　　这是因为啊，地球的陆地主要分布在北半球，也就是人们主要生活的地方。相比起来，南半球的光污染较少，更容易看到发光微弱的星体。这样星星就比北半球看上去要多多了，银河也显得更加明亮。

原来星座的背后还有那么多的学问啊！我发现古人的想象力真好，能将夜空中没有关系的星星连成一个一个方便记忆的星座图像，真是太了不起了！

嗯，玉兔你有发现吗，其实古人也是会犯错的。因为视野的限制，他们起初少算了那么多个星座。但重要的是，犯错了要懂得及时改正，像我们的"二十四节气"就利用了"黄道十二宫"进行改良而变得更精准，我觉得这也是非常了不起的一件事！

哈哈，你们两个的观察也让太白爷爷感到非常了不起！我们在整理知识的过程中要尽可能发挥想象力，而且不必害怕犯错，因为犯错也是学习中的一个非常重要的过程。好，接下就让我们进入今天的快问快答小游戏吧！

1. 星座是由哪一种星体组成的?

2. 黄道十二宫中一个宫是多少度?

3. 中国古代发明的二十四节气跟什么活动有关?

4. 指向南极的是什么星座?

恭喜你又收获一枚勋章！记得我们的下一趟旅程，更多有趣和好玩的东西在等着我们去探索哦！

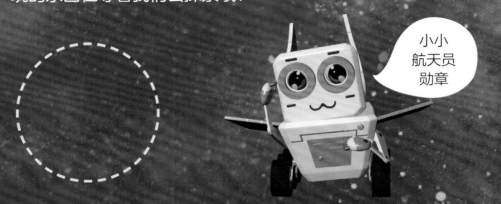

小小
航天员
勋章

图书在版编目（CIP）数据

观星，太有趣了 /《我们的星辰大海》编委会编著
. -- 北京：中信出版社,2021.3
（我们的星辰大海）
ISBN 978-7-5217-2702-9

Ⅰ.①观… Ⅱ.①我… Ⅲ.①星座—儿童读物
Ⅳ.①P151-49

中国版本图书馆CIP数据核字(2021)第015982号

观星，太有趣了

编　　著：《我们的星辰大海》编委会
出版发行：中信出版集团股份有限公司
　　　　　（北京市朝阳区惠新东街甲4号富盛大厦2座　邮编　100029）
承 印 者：北京尚唐印刷包装有限公司

开　　本：889mm×1194mm　1/16　　印　张：22.25　　字　数：30千字
版　　次：2021 年3 月第1 版　　　印　次：2021 年3 月第1 次印刷
书　　号：ISBN 978-7-5217-2702-9
定　　价：258.00 元（全9册）

图书策划 中信出版·文艺分社
策划编辑 李静媛 肖诗雅
责任编辑 肖诗雅
营销编辑 张小光
装帧设计 王　悦

出版发行 中信出版集团股份有限公司
服务热线：400-600-8099 网上订购：zxcbs.tmall.com
官方微博：weibo.com/citicpub 官方微信：中信出版集团
官方网站：www.press.citic

外星人，请回答

《我们的星辰大海》编委会　编著

中信出版集团 | 北京

口头禅：**这个我知道！**

标志动作：**帅气地抖搂披风**

大家好，我是胖达，对宇宙中的一切都能如数家珍，常常热心地给小朋友介绍宇宙中的新鲜事物。我可是追梦空间站里最受欢迎的航天员哦！

口头禅：**"东有启明，谓之太白"（吟诗作对）**

标志动作：**慢悠悠地捋胡须**

大家好，我是太白爷爷，我可以随意变成球状，旋转着滚动，但我更喜欢用腿，我的头部是 72 面体，每一片方块都记载着宇宙的一个秘密。

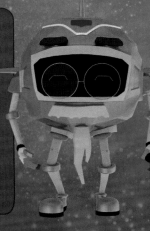

口头禅：**小朋友们今天的旅程开心吗？快和我们一起来打卡吧！**

标志动作：**用轮子在地上跑来跑去（左边去一下，右边去一下）**

大家好，我是脚踩六轮的玉兔。我的肚子里还藏着很多秘密武器哦。我能像变形金刚一样自由切换形状，能安全地带领小朋友们在月球上游玩。

这里是一座飘浮在太空的城堡，人们都叫它**"追梦空间站"**。

在这里，梦想探索太空的小伙伴们会组成"追梦航天队"，每天开启新的旅程，向神秘的星辰大海出发，去冒险和探索。

每趟旅程结束时，我们还会一起玩一个有趣的小游戏。只要成功完成快问快答小游戏，就能获得一个"小小航天员勋章"哦！

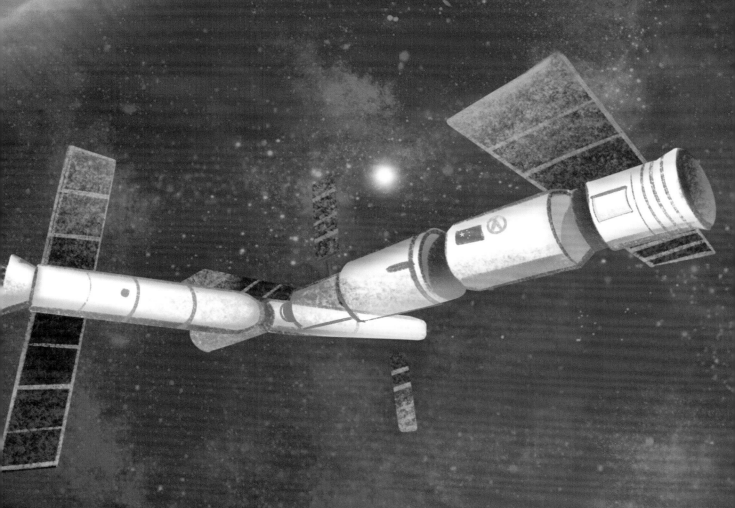

1

上期旅程，我们了解了占星学的十二星座和天文学的 88 个星座，还学习了怎么在夜空中借助星星辨认方向。这次，我们将继续展开新的探索：

- 外星人和地外生命；
- 生命存在的条件；
- 探索地外文明；
- 星球拥有生命的条件；
- 地球的守护者。

宇宙中，只有地球上存在生命吗？

许多科学研究表明，地球并不是唯一适合生命生存的星球。

宇宙中有很多和地球相似的行星。

所以越来越多人相信，世界上真的存在地外生命。

当我们说到地外生命时，大家是不是先想到科幻电影里的外星人呢？

没错，外星人就是地外生命的一种。

但是地外生命，不一定都是外星人哦。

人类是有智慧的生命体，但是在地球上的生命，不
有人类，细菌、昆虫、植物、动物等，虽然不像人
样拥有智慧，但它们也是生命的一种。

地外生命也一样，它们可以是跟人类比较接近的外星人，也有可能是像水母一样的"怪兽"哦！

那么，科学家们发现地外生命了吗？

目前，科学家还没有发现任何地外生命。

虽然我们时常看到关于外星人和飞碟的报道，但我们目前并没有能够证明外星人存在的证据。

那是什么让科学家们相信地外生命的存在呢？

主要的原因有三个，我们一个一个来了解吧！

第一，科学家发现构成生命体的是碳、氢、氧、氮等"基本元素"，它们遍布宇宙。

基本元素是什么呢？如果我们要盖一座木房子，那么木材就是盖这座房子需要用到的基本元素了。

我们可以尝试把这些基本元素看作是一块一块的木头，那么生命体就是一座木头造成的房子。

地球拥有这些"木头"，宇宙中的一些星球也拥有这些"木头"。

　　但盖房子可不是那么容易的事情。木头首先需要加工，分割成一片一片符合房子形状的木板。这种木板在生命体中，叫作"有机化合物"。

第二，科学家发现有机化合反应在许多环境下都能够进行。

有机化合物是构成生命体的主要物质，比如各种各样的食物就属于有机化合物，我们的身体也有很多有机化合物。

有机化合反应就是基本元素构成有机化合物的过程，好比我们把木头加工成木板所做的工作。

　　虽然把木头加工成木板需要一些条件，但我们还是可以在不同的季节、地点等环境下，完成这份工作的，对吗？

　　科学家发现，宇宙中就有许多星球拥有让基本元素进行反应的环境。

科学家发现，宇宙中有一些星球具备产生生命的某些条件。

当生命体形成以后，它还需要适合生存的环境。适合生命体生存的三个基本条件是：液态水、阳光和大气层。

这就是为什么人们相信地球以外是可能存在生命的！我们现在没有发现它们，有可能只是因为我们还没有找到它们。所以科学家们一直在不停地探索。

科学家们考虑到宇宙生命发展的阶段不同,认为它可以是基础生命体,也可以像人类一样已经发展出了文明。

这就让我们探索的方向分为了"地外生命"和"地外文明"两大块。

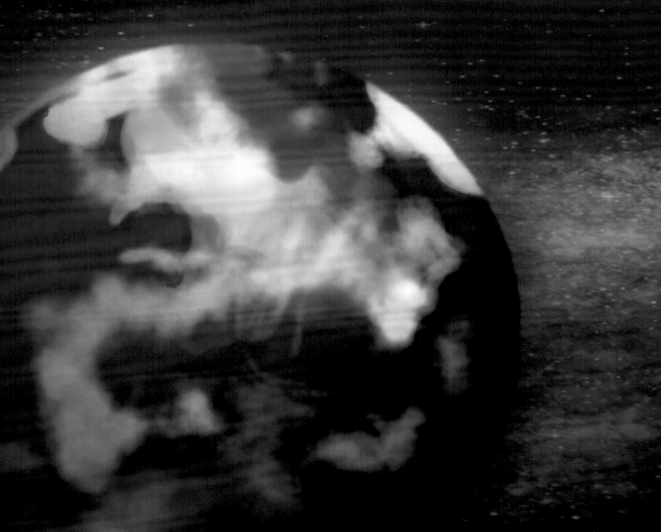

科学家们寻找地外生命的逻辑是，先通过天文望远镜，观察一些行星是否符合生命诞生的条件，再来判断这颗行星上是否会存在生命。

科学家们探索地外文明的方法主要有四种：

一、接收并分析来自太空的疑似外星文明的电波。

二、主动向外太空发出表明人类在太阳系内存在的信号。

三、发射人造探测器去拜访外星人。

四、地球人去与外星文明社会直接接触。

当然，这都是建立在星际航行的基础上的。目前人类的科技还没有办法进行星际航行。

目前人类能够实现的太空航行，主要在太阳系以内。

可以确定的是，在太阳系中，地球是唯一拥有生命体，并且拥有适合生命生存的全部条件的星球。

地球真是一颗非常特别的星球！

地球上拥有液态水、阳光和大气层这三大生命生存
的条件，是因为它位于太阳系的宜居带。

太阳系里就只有金星、地球和火星在宜居带内。

在太阳系中，太阳辐射和太阳风暴都有着非常强大的破坏力量，很容易对地球和人类造成伤害。

幸运的是，地球拥有磁场，这个磁场可以把太阳风暴和太阳辐射向四周扩散。如果没有这个磁场的保护，地球上的环境将会变得十分恶劣，人类也可能没有办法生存。

　　地球磁场是从哪里来的呢？

　　地球磁场来自地球中心一个巨大的铁核，这样的铁核在宇宙中虽然非常常见，但是像地球一样散发的磁场却是独一无二的。

地球除了自己拥有得天独厚的条件，还受到了月球的守护。
太阳系其实并不是那么太平，经常会有小行星脱离自己的轨道撞向地球。

但是地球很少被陨石击中。

这是因为，除了地球的大气层把一些比较小的陨石烧尽外，有很大一部分的陨石，都被月球"阻挡"了。

你还记得月球上密密麻麻的陨石坑吗？那些都是月球守护地球的证据哦！

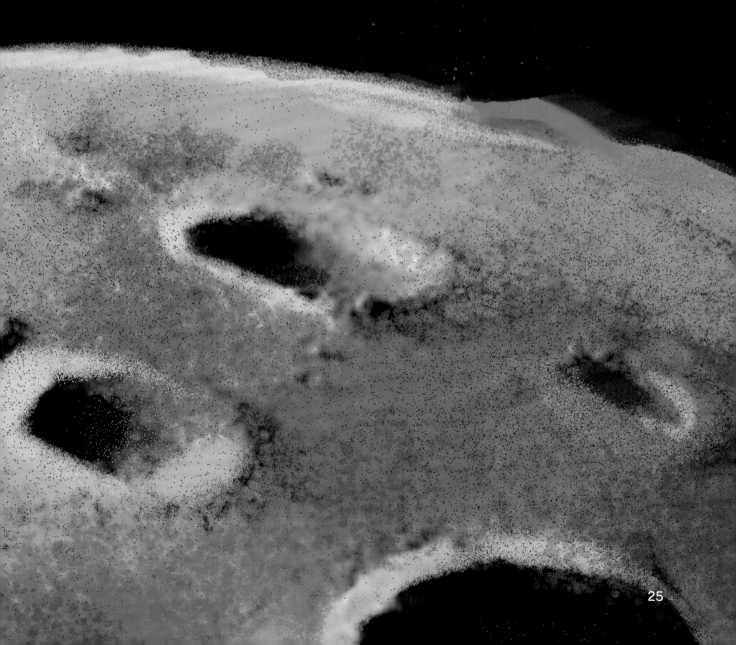

月球能帮地球"阻挡"陨石，是因为它离地球非常近。太阳系中，还有一个星体也帮地球"阻挡"了一部分陨石，却是因为它足够"胖"哦。那就是八大行星中体积最大、自转最快的木星啦！

木星的体积和质量都很大，这让它拥有非常强大的引力。每当有其他小天体有可能撞击上地球的时候，木星都会用它巨大的引力将小天体吸引到自己的身上去。看上去就像是在刻意保护地球一样！

你知道同样位于太阳系宜居带的金星和火星，为什么没有生命吗？

我们先来看一看金星吧。

金星的大气层非常厚，主要的气体是二氧化碳，这让它的表面温度一直在 400 摄氏度以上。这个温度连金属都可以熔化，是生命不能承受的。

金星上还时常会下一种可怕的酸雨，这种酸雨不是水，而是能够把生命体溶解的硫酸。

人类曾经向金星发射过探测器，结果还没着陆就被金星的大气层压扁了，因为金星上的大气压是地球的 90 倍！

　　金星是非常可怕的，但科学家认为，在很久以前，那里也可能有过比较温和的气候，还可能有过海洋。金星上是否曾经有过生命，我们目前对它的了解不够多，并不能够确定。

我们再来看看火星吧。

在太阳系中，火星是与地球最相似的星球。它和地球一样有季节、有风暴等。随着火星探测计划的进展，人类还发现了火星上有小沟和小峡谷，它们看起来很像地球上水流冲刷后的痕迹。研究表明，火星曾经有过液态水！

许多科学家推测，火星上可能有过低等生命的存在。

人们总是想象着遇到外星人的那一天：外星人会长什么样子？它们是不是会拥有神奇的超能力呢？我们能不能跟外星人成为好朋友呢？

电影《外星人 E.T.》里，就讲述了一个外星人和人类跨越了一切障碍，建立纯真友谊的故事。

虽然目前人类还没有发现任何可以证明外星人存在的确切证据，但是人类对地外生命和地外文明的探索不会因此停止。

外星人真是一个让人着迷的话题。

嗯嗯，玉兔也看过许多讲述外星人的有趣电影。

人类能够诞生在地球上，是非常幸运的一件事。

要感谢地球上一切的巧合，还有月球和木星的特别关照！玉兔希望有一天，我们能够发现外星的朋友，这样地球在宇宙中就不孤独了。

不知不觉中，我们已经一起完成了 9 次航天和宇宙探索。今天是我们最后一次进行快问快答小游戏，爷爷为你们马上就要收获最后一枚小小航天员勋章而感到高兴。

1. 构成生命体的主要物质叫什么?

2. 生命生存的三个条件是什么?

3. 通过"肥胖"的身躯,为地球挡下一部分陨石撞击的星体是谁?

4. 地球上可以把危险的太阳风暴和太阳辐射都向四周扩散的东西是什么?

恭喜你获得了最后一枚勋章!

这集齐的 9 枚勋章,就代表着我们一起经历过的那些旅程和在旅程中所学习到的航天、宇宙知识和航天精神。

但是我们的追梦之旅并没有结束,因为学习和探索是永无止境的!休整以后,我们会再次向浩瀚的星辰大海出发!

追梦航天队,期待我们下次再见!

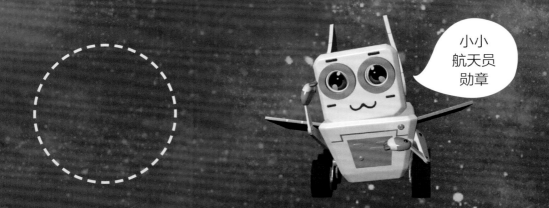

小小航天员勋章

- 特别鸣谢 -

黄瑞松　刘永才　欧阳自远　高凤林

杨宇光　左莉华　胡志勇　熊亮　郑永春

胡国英　朱进　于飞　李硕　武铠　周珩

张亦驰　王旭　刘登锐　陈奕光

-《我们的星辰大海》编委会 -

蔡怀军　郑华平　梁德平　杨喜卿

周山　方菲　张志红　吴梦知

- 特约策划 -

张晓雪　王娟

- 特约改编 -

颜文赋

- 特邀审订 -

王君毅　边辑　王爽　郑贵来

詹齐越　江南　茉莉　白翔

图书在版编目（CIP）数据

外星人，请回答 /《我们的星辰大海》编委会编著
. -- 北京：中信出版社，2021.3
（我们的星辰大海）
ISBN 978-7-5217-2702-9

Ⅰ. ①外… Ⅱ. ①我… Ⅲ. ①外星人—儿童读物
Ⅳ. ①Q693-49

中国版本图书馆CIP数据核字(2021)第015978号

外星人，请回答

编　　著：《我们的星辰大海》编委会
出版发行：中信出版集团股份有限公司
　　　　　（北京市朝阳区惠新东街甲4号富盛大厦2座　邮编　100029）
承 印 者：北京尚唐印刷包装有限公司

开　　本：889mm×1194mm　1/16　　印　张：22.25　　字　数：30 千字
版　　次：2021 年 3 月第 1 版　　　　印　次：2021 年 3 月第 1 次印刷
书　　号：ISBN 978-7-5217-2702-9
定　　价：258.00 元（全9册）

图书策划 中信出版·文艺分社
策划编辑 李静媛 肖诗雅
责任编辑 肖诗雅
营销编辑 张小光
装帧设计 王　悦

出版发行 中信出版集团股份有限公司
服务热线：400-600-8099 网上订购：zxcbs.tmall.com
官方微博：weibo.com/citicpub 官方微信：中信出版集团
官方网站：www.press.citic